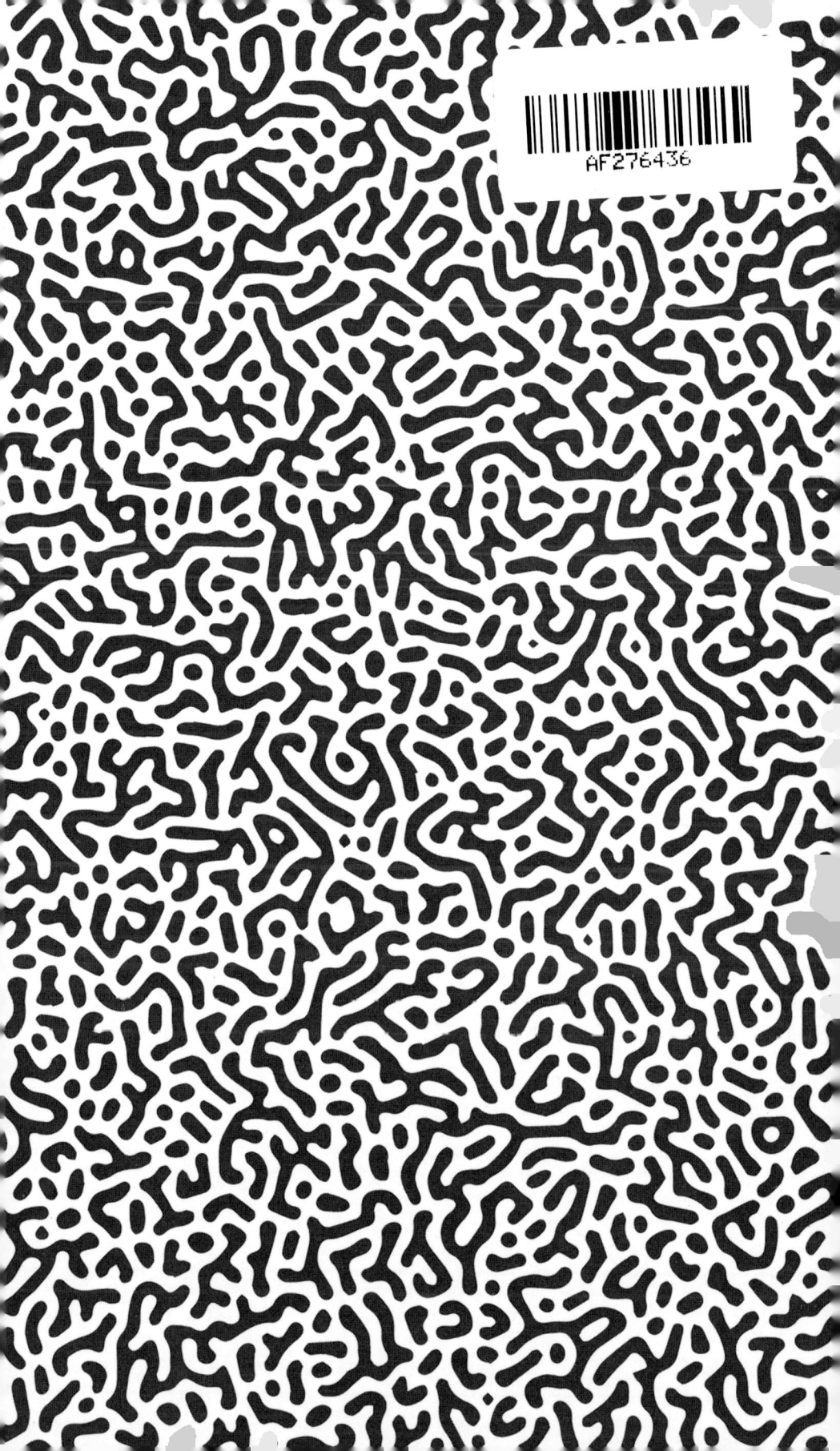

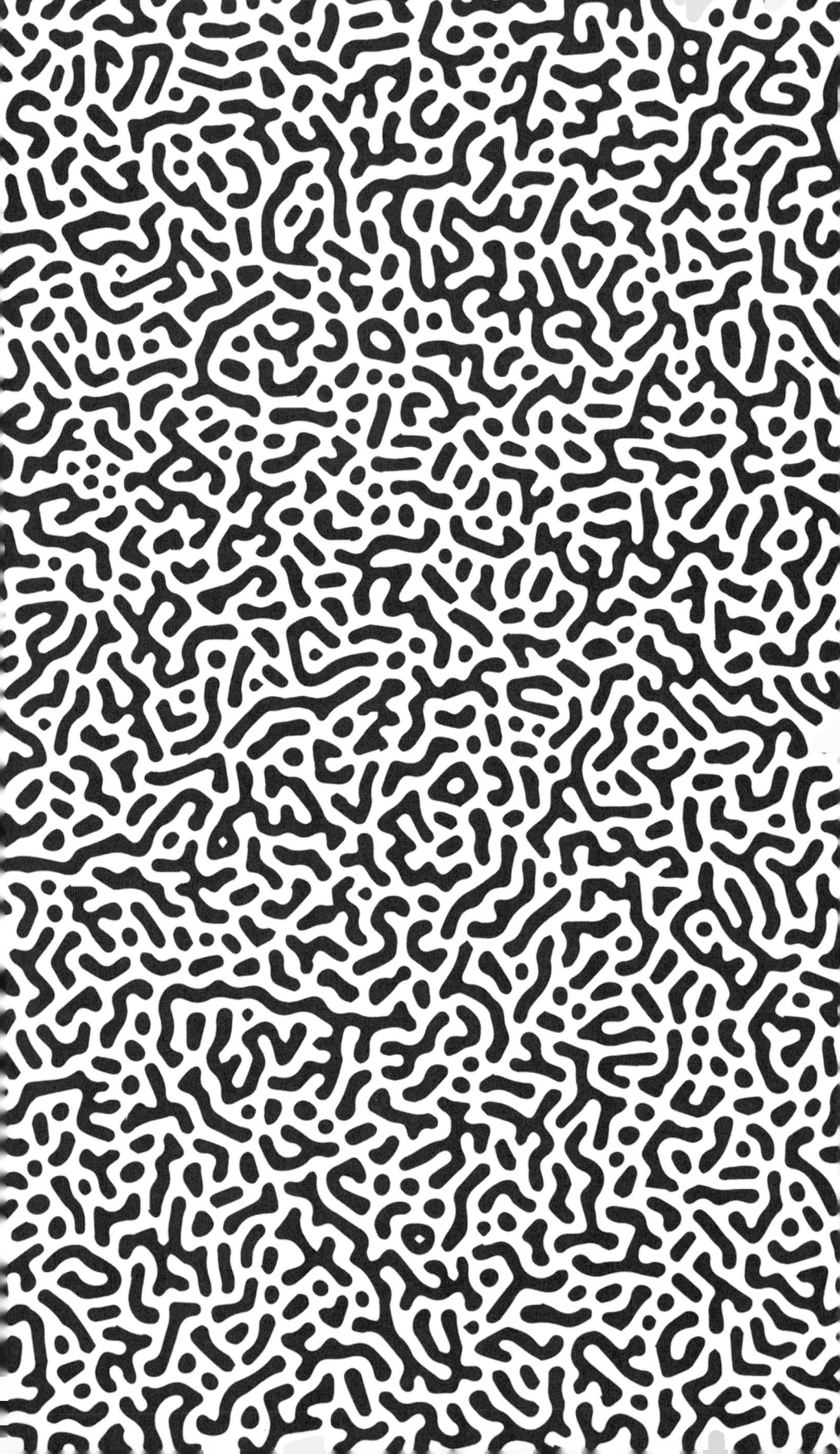

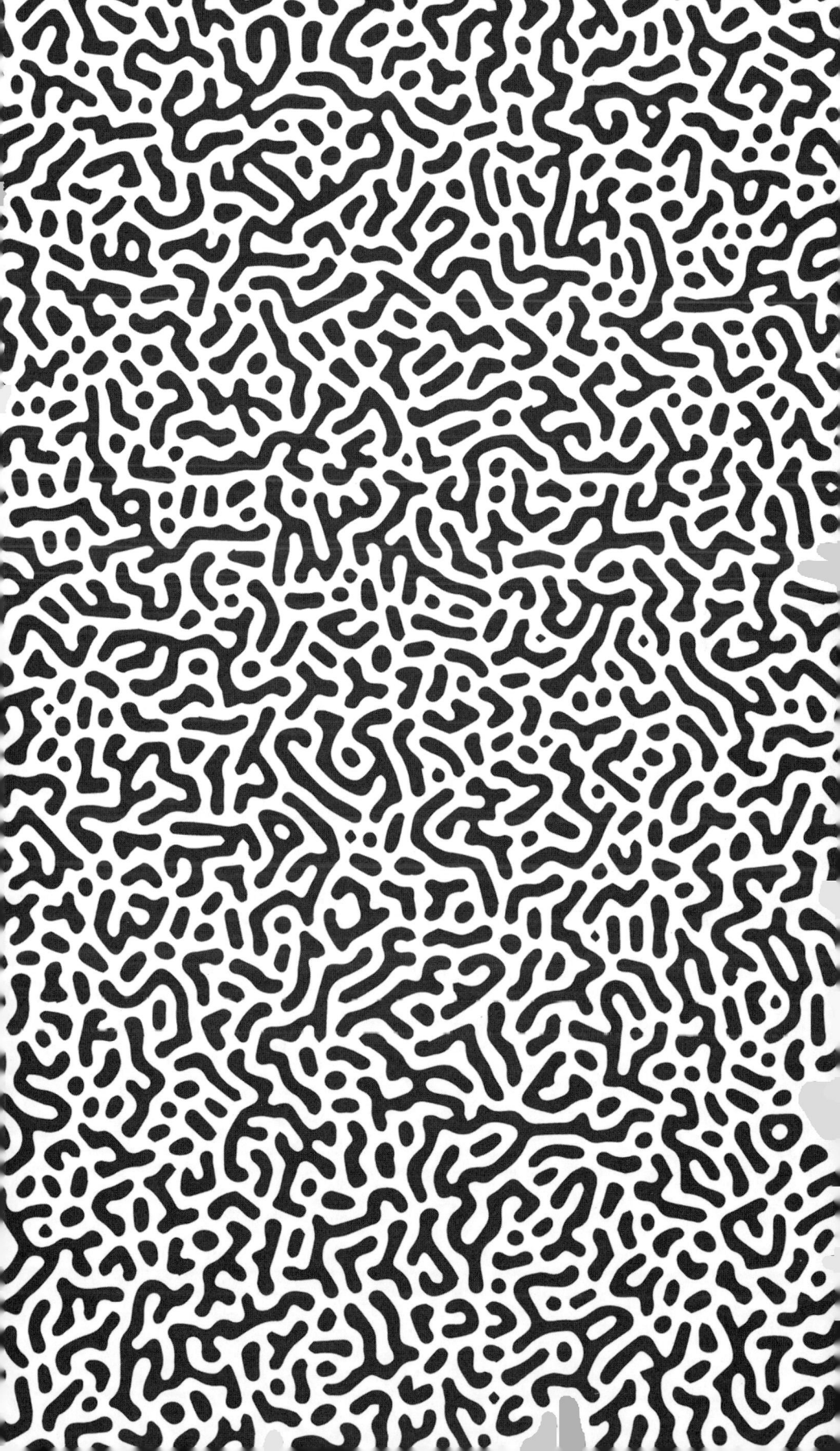

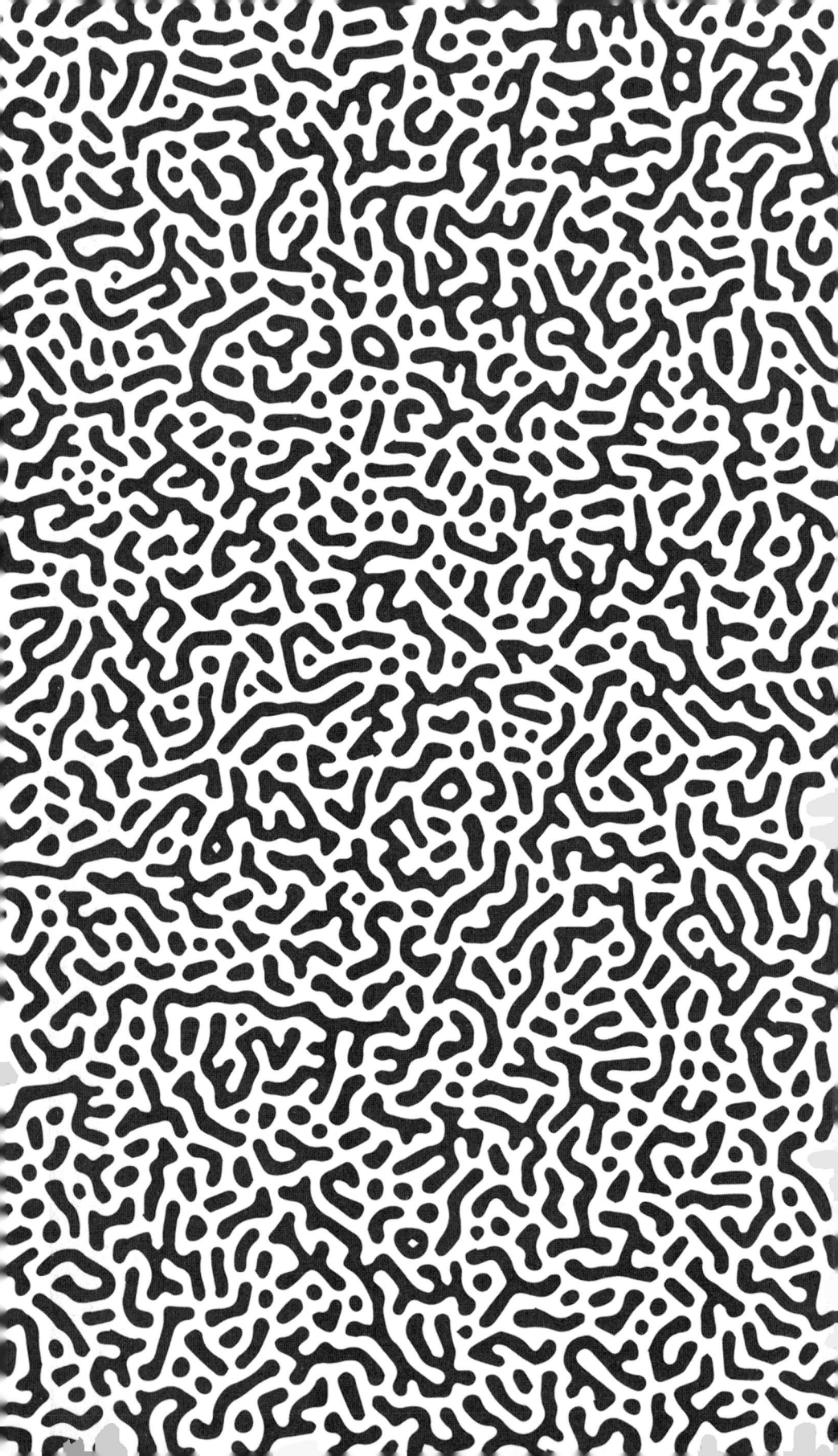

La genética de los recuerdos

ANDREA LEVI

La genética de los recuerdos

Cómo la vida se convierte en memoria

GUADALMAZÁN

Título original: *Genetica dei ricordi. Come la vita diventa memoria*
© Andrea Levi, 2023
© Il Saggiatore Srl, Milano, 2023

Derechos negociados por Ute Körner Literary Agent
www.uklitag.com

© Andrea Levi, 2025
© Talenbook, s.l., 2025

Primera edición en Guadalmazán: enero de 2025

GUADALMAZÁN • COLECCIÓN DIVULGACIÓN CIENTÍFICA
Traducción y edición de Antonio Cuesta

www.editorialguadalmazan.com

TALENBOOK, S.L.
C/ Cervantes, 26 · 28014 · Madrid

Imprime: LIBERDÚPLEX
ISBN: 978-84-19414-54-0
Depósito Legal: M-25895-2024
Hecho e impreso en España - *Made and printed in Spain*

Índice

Introducción

La mente que guarda los recuerdos es como un laberinto de espejos. Al adentrarnos en ella nos damos cuenta de que sus paredes son especulares. Algo que al principio parece inofensivo revela, poco a poco, su verdadera naturaleza: estos espejos, como sacados de los parques de atracciones de nuestra infancia, distorsionan la realidad. Cada superficie nos devuelve una imagen alterada de nosotros mismos, estirando, ensanchando o comprimiendo nuestra figura a su antojo. No comprendemos del todo el truco hasta que, al extender la mano, tocamos esa pared cristalina y descubrimos formas inesperadas: concavidades y protuberancias que escapan a la lógica.

Estamos habituados a creer que la memoria es un reflejo fiel de la realidad, pero al conocerla nos sorprende su autonomía. Somos capaces de rememorar un hecho mucho más hermoso de lo que realmente fue, un dolor más leve respecto al que experimentamos antaño, o incluso olvidar todo, o casi todo, de algo que no hubiéramos querido que sucediera. La memoria es plástica y se reconfigura a su antojo, permitiéndonos jugar con los recuerdos según nuestras necesidades.

La genética de los recuerdos se propone explorar esta «realidad dentro de la realidad», iniciando un viaje por las diferentes formas y tipos de memoria. Asumiendo que no existe una memoria única, navegaremos entre las islas que explican su diversidad. Usaremos antiguos mapas para orientarnos en los laberintos del cerebro. Sumergiremos nuestras manos en la materia informe con la que se construyen los recuerdos, volviéndonos microscópicos para movernos entre las neuronas que se comunican, compiten y colaboran. Seguiremos las huellas que los recuerdos dejan en las estancias del cerebro, y también las que no dejan, allí donde se desvanecen, en la tierra del olvido. Finalmente, emergemos para narrar lo que hemos presenciado: el viaje culmina cuando converge en el relato.

Cada pequeño paso en el reino de lo infinitamente minúsculo tendrá su eco en nuestro mundo. Hablaremos de archipiélagos, mapas, olas y mares que se extienden hasta donde alcanza la vista. También de palabras lejanas e intraducibles, cuyos orígenes nos llevarán a Japón, Turquía o a la remota Islandia. Reflexionaremos bajo la luz de la luna, volando con Astolfo a la tierra de las cosas olvidadas. Y, tras dejar atrás el Hipogrifo, como Odiseo, regresaremos al hogar.

Nuestra brújula será, inevitablemente, la genética. Y si la memoria tiene vida propia, esa fuerza deformante que mencionábamos, también posee su propia racionalidad, y su núcleo es el ADN. La información genética es la que configura la estructura material que permite que todo el sistema funcione, y su recorrido por el cerebro es la danza primordial que subyace en cada recuerdo.

Francis Crick, padre de la doble hélice del ADN junto a James Watson, se preguntaba cómo los recuerdos pueden perdurar más allá de la materia que los sostiene: «La memoria humana puede durar años o décadas, mientras que se cree que las moléculas de nuestro cuerpo, excepto el ADN, se reemplazan en cuestión de días, semanas o meses. ¿Cómo puede la memoria conservarse en el cerebro con un mecanismo que sea independiente de la renovación molecular?».

La memoria es perdurable, y los recuerdos, supervivientes. Hoy sabemos que, además del refuerzo de los circuitos neuronales, la memoria necesita de la transcripción del ADN, así como de la síntesis de ARN y proteínas. Estos procesos, aún en parte misteriosos, serán desvelados a lo largo de nuestra travesía, donde también indagaremos en los mecanismos que los gobiernan.

Desde la genética nos adentraremos en la epigenética, la disciplina que estudia cómo las células pueden cambiar sin alterar la secuencia del ADN. Estos procesos epigenéticos son cruciales para la formación y el mantenimiento de memorias que duran toda nuestra vida. Si esta es la última frontera en el estudio de la memoria a largo plazo, la pregunta que nos llevará aún más lejos es: ¿cómo funciona el cerebro? Más específicamente, ¿cómo se coordinan sus diversas áreas? Descubriremos que cada uno de nuestros recuerdos es el resultado de una sinfonía cerebral, donde múltiples regiones actúan al unísono como una orquesta, interpretando una melodía única y armoniosa.

En estas páginas, se entrelazan paisajes mentales fascinantes, habitados por personajes absolutamente extravagantes. En un rincón del laberinto de espejos, encontraremos a Gurdulú, el hombre-pato descrito por Italo Calvino en *El caballero inexistente*, deambulando desorientado pero feliz. Sentados a una mesa, unos jugadores de bridge intentarán adivinar las cartas de los demás, ignorando las propias. Y en el reflejo de nuestra imagen aparecerá, tras nosotros, una simpática babosa gigante. Al girarnos, nos encontraremos con *Aplysia californica*, cuyo simple movimiento branquial ha revelado implicaciones científicas de una complejidad y trascendencia asombrosas. Y esto es solo la punta del iceberg. El viaje hacia la memoria está escrito y nos espera... nosotros somos los viajeros.

1. *Archipiélago. Las islas de la memoria*

«Ten siempre a Ítaca en la mente. Llegar allí es tu destino».
KONSTANTINOS KAVAFIS, *Ítaca*

El viaje de Odiseo comienza y concluye con un recuerdo. El aroma de Penélope, las aguas agitadas de Ítaca, el ladrido del perro Argos, el amor por el hijo que se está convirtiendo en hombre: estas huellas del pasado son las que impulsan al héroe a hacerse a la mar y a renunciar al lujo de la inmortalidad, optando por un mundo efímero que encuentra su belleza en su prevista decadencia. Odiseo arriba a Ítaca y el pasado vuelve a ser presente, el presente calca y enriquece el pasado. Odiseo, con las manos firmemente asidas al hilo de la memoria que lo conducirá a su tierra natal, camina hacia adelante, pero en verdad camina hacia atrás.

He aquí que la obra occidental sobre el viaje por antonomasia se revela como la gran epopeya sobre los recuerdos: el héroe multiforme, hombre entre los dioses, es también el explorador que atraviesa indistintamente las tierras del mundo y de la mente. Se vuelve posible para nosotros caminar en el pasado como si fuera un lugar con su propia arquitectura, un techo, unas columnas, un patio, pero también

Penélope se reúne con Odiseo, grabado de Isaac Taylor para *La Odisea*, basado en una pintura de Henry Fuseli. Publicado por F. J. Du Roveray en Londres (1806).

un mar, unas ruinas, un prado, una ciudad. Recorreremos los confines de la mente como si fuéramos aventureros, acompañados de un ligero zurrón, un mapa y la curiosidad propia de lo desconocido. Alcanzaremos las costas fragmentadas del archipiélago de la memoria; dejaremos que nuestros dedos se deslicen sobre el aromático papel de mapas amarillentos; comprobaremos la consistencia de los recuerdos, descubriéndolos compuestos de una materia densa y sutil, similar a los rayos del sol cuando calientan la piel a través del follaje. Nos olvidaremos de nosotros mismos bajo la palidez de la luna y regresaremos finalmente a casa, cargados de recuerdos para contar a quienes anhelan saber sobre nuestra aventura. Y la cantaremos ayudándonos con las notas de la memoria.

Gurdulù

Nuestro viaje comienza con un ruido de cascos. Un polvo fino se levanta del suelo cada vez que los caballos hunden en él sus dedos macizos. Acompañan con un sonido sordo los alegres comentarios de los hombres que montan sobre ellos. El ánimo es alto entre los jinetes que, mirando a su alrededor, juzgan el mundo que pasa y lo señalan a sus compañeros. Podrían continuar así para siempre, si no fuera por aquella mancha antropomorfa que, de repente, delante de ellos se agita, lanzando extrañas vocalizaciones: «Cua... Cua...» y moviendo todo el cuerpo. Los jinetes están estupefactos y preguntan a una campesina que pasa: ¿es el guardián de los patos? No, responde ella, es Gurdulù, el hombre que de vez en cuando se equivoca y cree ser un pato, una rana o un peral, según lo que encuentra en sus vagabundeos.

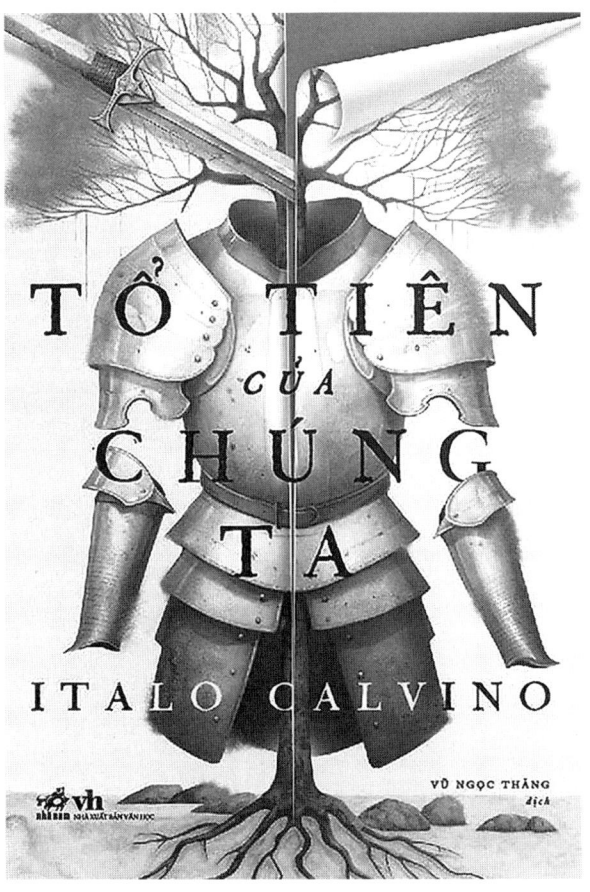

Portada de la edición vietnamita de la obra *El caballero inexistente* (*Il cavaliere inesistente*) del escritor italiano Italo Calvino, publicada por Nhã Nam.

Gurdulù no tiene un solo nombre: algunos lo llaman Omobò, otros Martinzùl, pero también Gudi Ussuf, Martinbon o Bertinzùl. Los nombres le resbalan sin encontrar ningún punto al que aferrarse: a Gurdulù no parece importarle, porque comoquiera que se le llame él responderá, reconociéndose en todo, sin reconocerse en nada. Porque él no tiene memoria; o mejor dicho, la tiene, pero imperfecta. No puede saber quién es, pues no recuerda su historia ni conoce sus propias habilidades o competencias. Incapaz de poseer recuerdos duraderos, Gurdulù carece de una identidad: existe, pero no sabe que existe. Vive para las impresiones instantáneas y para las reacciones inmediatas, recordando solamente lo recién ocurrido, y para luego olvidarlo en un parpadeo.

El personaje de Gurdulù, que Calvino sitúa junto al del caballero Agilulfo en *El caballero inexistente* (1959), introduce una cuestión compleja y fascinante: la de la memoria como principio de identidad. Siguiendo esta perspectiva, para saber quiénes somos, debemos recordarnos a nosotros mismos. ¿Qué es, entonces, lo que nos hace ser quienes somos?

Según sostiene el doctor Yadin Dudai, profesor emérito de Neurobiología en el Instituto Weizmann de Israel y docente ilustre de Neurociencias en la Universidad de Nueva York, la memoria coincide con «el mantenimiento en el tiempo de representaciones interiores de hechos que se han experimentado y con la capacidad de rememorar en la conciencia estas representaciones posteriormente». Lo que constituye la materia de nuestra identidad es, por tanto, el conjunto de lo que hemos aprendido y más o menos conscientemente recordamos, además de nuestro acervo genético y algunas características innatas como el carácter y las capacidades cognitivas.

Cada experiencia es un aprendizaje, en la medida en que crea y saca a la luz (*ex ducere*, sacar fuera) nuevas características del yo, dándoles la savia vital. El libro de Tara Westover titulado *Una educación* (*Educated*) narra su gradual alejamiento de su manipuladora familia, un hecho posible gracias a una buena formación académica y a vivencias de profundo calado. Para definir esta afortunada confluencia de circunstancias, al final de su libro Westover escribe: «Pueden llamar a esta toma de conciencia de muchas maneras. Llámenla transformación. Metamorfosis. Deslealtad. Traición. Yo la llamo educación». Lo que hemos aprendido a través de la experiencia escolar moldea la manera en que participamos en la sociedad y nuestras habilidades profesionales. Lo que hemos aprendido gracias a las experiencias familiares y personales contribuye, por otra parte, a formar el sentido de nuestra individualidad y la percepción que tenemos de nosotros mismos. Nuestro yo, así formado, es luego continuamente revigorizado y transformado por la nueva información que la realidad nos ofrece.

Como es natural, estas dos esferas —constituidas respectivamente por la instrucción y por las experiencias personales y familiares— nunca están tan diferenciadas, ni sus contornos son tan nítidos y claros: nada de lo que hemos aprendido en los pupitres escolares se puede realmente separar de los recuerdos relativos a los maestros que nos lo han explicado, a las compañeras y compañeros que nos han distraído durante las clases o ayudado en el estudio, a los padres que nos han motivado o reprendido cuando era necesario. Ya se trate de los primeros versos del *Infierno* dantesco o de una profesora digna de mención, todo ello constituye la materia de la memoria, aunque con diferentes matices. La persona que somos hoy es resultado de la persona que éramos ayer y de la cual hoy sabemos contar algo, evocándola al presente en forma de recuerdo, como si fuera un fantasma revivido.

Las islas de la memoria

¿De qué hablamos cuando hablamos de memoria? En el lenguaje corriente, el término tiene dos acepciones diferentes. Por un lado, lo empleamos para indicar la función cognitiva que nos permite recordar, como cuando afirmamos que ya no tenemos la memoria de antaño; por otro lado, lo utilizamos para referirnos a uno o más recuerdos específicos, por ejemplo, diciendo «El recuerdo [la memoria] de nuestro primer beso me acompañará toda la vida». En el contexto del discurso es fácil comprender cuál es el significado semántico al que nos referimos.

El término tiene dos acepciones, pero los tipos de memoria son muy diversos —la memoria a corto plazo, la operativa, la memoria a largo plazo...—; cada una de ellas contribuye a convertir lo que creíamos ser una isla en un complejo archipiélago.

Los habitantes del primer atolón parecen niños: viven despreocupados e ignorantes, llevando sobre los hombros un ligero zurrón. De vez en cuando, si observamos cuidadosamente, podríamos ver a Gurdulù moviéndose entre ellos. En la segunda isla vive un pueblo en apariencia similar al primero, pero que se mueve de manera frenética: todos sus pobladores parecen atareados y concentrados en algún tipo de actividad. Existe luego una tercera isla, en la sus habitantes se mueven lentamente, lastrados por bolsas repletas de recuerdos. A estas personas les encanta caminar y contarse historias, ricas en detalles, concernientes al pasado propio y al ajeno.

Alrededor de estos lugares, dispersos en el mar, emergen fragmentos de tierra firme de diversas formas. No existe una, sino muchas memorias.

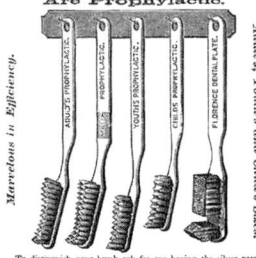
Publicidad de productos de aseo y perfume de orquídea, Detroit, Michigan (1889). Algunos aromas se asocian a recuerdos concretos.

Recordar el instante. La memoria a corto plazo

Nos hemos despedido de Gurdulù hace poco tiempo, pero el desdichado ya nos habrá olvidado. ¿Por qué nosotros, en cambio, somos capaces de recordarlo?

La memoria tiene una capacidad temporal precisa, de tal manera que cada información —un número de teléfono, el aroma de un pastel de limón, los pasos a seguir para atarse los zapatos— dispone de un tiempo de vida definido; razón por la cual podemos evocar sin esfuerzo hechos ocurridos cuando éramos niños y, al mismo tiempo, ser incapaces de recordar qué comimos hace un par de días. Se abre así una primera distinción entre dos tipologías de memoria: la memoria a corto plazo —a la que pertenece también la memoria operativa— y la memoria a largo plazo.

Como sugiere su nombre, la memoria a corto plazo permite conservar una información recién adquirida durante pocos segundos. Este intervalo se reduce aún más cuando se activa un tipo específico de memoria a corto plazo conocida como memoria sensorial, que nos permite retener un sonido, una imagen, un sabor o un olor durante breves instantes tras la desaparición del estímulo. Es memoria sensorial la que se activa cuando abrazamos a una persona querida y, si lo lleva puesto, olemos su perfume para luego olvidarlo poco después. O cuando nos cruzamos con un ciclista en la calle para luego volver a nuestros pensamientos. Memorias de este tipo se desvanecen casi inmediatamente.

Pero, ¿qué decir entonces a quienes afirman recordar un determinado olor, como la esencia a vainilla que usaba su abuela de joven o el hedor de un queso que les causaba náuseas cuando eran niños? Aquí nos enfrentamos a un uso impropio del verbo «recordar»: si pidiéramos a estas personas que evocaran los recuerdos de los que hablan, no serían capaces de hacerlo, no percibirían ningún olor en el aire; ninguna fuerza de voluntad, por intensa que sea, podrá llenar la habitación con el perfume de la abuela o el tufo del queso. Lo que probablemente quieren decir es que, cada vez que perciben una esencia a vainilla similar a la de la abuela, la encuentran familiar, la reconocen y la asocian con las sensaciones y los recuerdos felices en los que también aparece su rostro. «Nada despierta un recuerdo tanto como un aroma», escribió Victor Hugo... posiblemente el fenómeno de la magdalena de Proust funciona de la misma manera. Que recuerdos de este tipo reemerjan, asomándose a la conciencia de manera inesperada, es un hecho misterioso y fascinante, en cuyo análisis nos adentraremos con mayor atención más adelante.

Volviendo a lo que concierne a la memoria a corto plazo, esta tiene que ver no solo con los estímulos olfativos, gustativos y perceptivos en general, sino también con los objetos. Un ejemplo de ello es nuestra facultad de retener en la mente un número de teléfono que nos acaban de dictar durante el tiempo necesario para transcribirlo. Una capacidad sin duda esencial, pero que tiene un límite particular: independientemente de la calidad de los objetos, solo somos capaces de retener en la mente una cierta cantidad. Fue el psicólogo cognitivo George Miller quien ilustró por primera vez este concepto en un artículo publicado en 1956 en *Psychological Review* y titulado «The Magical Number Seven, Plus or Minus Two: Some Limits on Our Capacity for Processing Information». Para entender lo que Miller quería decir, intentemos leer la siguiente secuencia numérica una sola vez; luego cerremos el libro y veamos si somos capaces de recordarla:

0, 2, 5, 6, 9, 1, 8

Y ahora leamos una secuencia diferente:

0, 12, 37, 9, 42, 18, 3

Esta última sucesión de números puede parecer, a primera vista, más difícil de memorizar, ya que los objetos considerados tienen una naturaleza más compleja. Lo interesante es que la intensidad del esfuerzo mnemónico permanece en realidad invariable: dentro de unos límites, no importa que un objeto, en este caso un conjunto de cifras, sea más o menos complejo, sino que cuenta su extensión, es decir, el número de cifras consideradas.

El experimento sugerido por Miller se puede alterar con el fin de medir de manera estadísticamente significativa cuán buena es nuestra memoria. Para ello es suficiente conseguir un generador de OTP (*One Time Password*), solicitar diez contraseñas de un solo uso de entre cinco y nueve cifras e intentar memorizarlas todas. Lo normal será recordarlas con éxito en la mitad de los casos. Pero si no fuera así, no nos desesperemos: un rendimiento insatisfactorio puede ser atribuido también a circunstancias externas que podrían haber obstaculizado la memorización, interfiriendo con la atención prestada por el sujeto involucrado en el proceso o alterando su estado emocional. Además de estas, también la edad y las condiciones físicas personales pueden intervenir en la eficacia de este tipo de memoria. En cualquier caso, la repetición es un buen entrenamiento: leer varias veces la contraseña de un solo uso nos permitirá recordarla con más facilidad, aunque difícilmente la tendremos aún en mente después de media hora.

Los juegos de naipes ilustran los mecanismos de funcionamiento
de la memoria operativa o memoria de trabajo.

Carta impar, carta par. La memoria operativa

Cada verano, las costas italianas acogen a numerosos veraneantes que, con *La Settimana Enigmistica* y su crema solar en mano, buscan un rincón donde poder relajarse en playas abarrotadas de turistas. Entre los gritos de los niños y el murmullo del mar, es frecuente oír una voz estridente gritar «¡Uno!» o, por otro lado, observar grupos de personas que se concentran silenciosamente en una partida de Escoba, Cuarenta, Brisca o cualquier otro juego de naipes parecido. Una actividad lúdica como la de las cartas reclama procesos cerebrales complejos, muy alejados de la aparente simplicidad y despreocupación de un día en la playa. Pensemos, por ejemplo, en el juego del Bridge. Durante una mano, el buen jugador debe tener en mente los naipes descartados por los adversarios y por su propio compañero. Los descartes pueden dar una idea de cómo moverse en el juego («carta impar llama, carta par rechaza») y permiten hipotetizar cuál era la distribución de cartas al inicio de la partida y, en consecuencia, qué cartas tendrán ahora en la mano los adversarios y el compañero. Por lo general, terminada la mano, uno se olvida de qué cartas poseía cada jugador: un conocimiento que ya no sirve, por lo que no tiene sentido conservarlo.

El ejemplo de las cartas resulta útil para ilustrar los mecanismos de funcionamiento de la memoria operativa, también llamada memoria de trabajo (MDT). Similar a la memoria a corto plazo, la memoria operativa se caracteriza por su capacidad de rememorar las informaciones de interés durante todo el tiempo necesario para llevar a cabo una tarea práctica. Es un tipo de memoria a corto plazo particularmente dinámico, capaz no solo de retener las informaciones, sino también de manipularlas con una perspectiva de aplicación práctica a un contexto. Cuando conversamos y debemos tener en mente lo que dice el interlocutor para poder responder; cuando cocinamos un plato complejo cuya preparación requiere una secuencia de movimientos y pasos; cuando leemos la lista de la compra y nos adentramos entre los pasillos del supermercado para buscar un alimento en particular... La memoria operativa acompaña numerosos actos de nuestra cotidianidad, haciendo posible su ejecución.

Waiting for God de Simone Weil es una colección de ensayos y cartas de la autora, escritos entre 1941 y 1943, que exploran temas como la religión, la filosofía, la espiritualidad y la ética. Weil, una filósofa y mística francesa, reflexiona sobre la relación entre Dios y el ser humano, el sacrificio, la atención, y el sufrimiento [Harper Perennial, Harper Collins Publishers].

Distancias. La memoria a largo plazo

Como hemos visto al inicio del capítulo, el sentido de nuestra identidad está firmemente ligado a nuestra facultad de memorizar la información por un lapso temporal extenso, que potencialmente coincide con la duración de nuestra vida entera. Saber definir quiénes somos equivale a ser capaces de decir cómo nos llamamos, dónde hemos nacido, de quién somos hijos, qué amamos, qué detestamos y hacia qué estamos orientados. Cada vez que nos presentamos a alguien y le ofrecemos fragmentos de nuestra identidad presente, inmediatamente le revelamos también lo que permanece de nuestra identidad pasada —y quizás le anticipamos, y nos anticipamos a nosotros mismos, lo que será nuestra identidad futura. «El fin de la vida humana es construir una arquitectura del alma», escribía la filósofa y teóloga francesa Simone Weil, y de las numerosas interpretaciones que se pueden dar a esta frase, nos interesa una en particular: aquella por la cual el yo, que Weil llama «alma», es un elemento compuesto, articulado, constituido por una masa enmarañada de ladrillos y proyectos, de materia y memoria, en la cual podemos intentar poner un poco de orden mediante una mirada analítica e introspectiva. Para ver la arquitectura de nuestro yo debemos preguntarnos qué podemos decir de nosotros, y por qué podemos decirlo. Y para responder a estas preguntas debemos apelar a nuestra memoria, más en particular, a la memoria a largo plazo.

La memoria a largo plazo (MLP) es, como indica su nombre, la facultad cognitiva que nos permite retener una información durante mucho tiempo. Es la memoria que invocamos cuando recordamos episodios ocurridos en nuestro pasado remoto, como una mala nota recibida en secundaria, pero también cuando reconocemos el significado de una señal de tráfico o cuando caminamos por la calle. Tales recuerdos son evocados por dos tipos de memoria a largo plazo, en las cuales ahora nos detendremos: la memoria explícita en los dos primeros casos, la implícita en el tercero.

Hablar de nosotros mismos.
La memoria explícita o declarativa

Se define como memoria explícita o declarativa aquel tipo de memoria a largo plazo capaz de evocar intencionadamente un recuerdo en nuestra conciencia. La naturaleza del recuerdo evocado, que puede remitir a una experiencia o a un concepto, determina una ulterior ramificación: la memoria a largo plazo explícita puede ser de tipo episódico o semántico.

El primer tipo, es decir, la memoria explícita episódica, permite evocar las experiencias que hemos vivido en primera persona, asumiendo por tanto una función autobiográfica. La memoria semántica, sobre la cual nos detendremos más adelante, retiene y elabora las nociones y los conceptos que, aprendidos en el pasado, definen nuestra cultura y modelan nuestras opiniones. En esencia, podríamos afirmar que la memoria explícita episódica participa en la dimensión del recuerdo en sentido estricto, mientras que la memoria explícita semántica pertenece más al horizonte del conocimiento.

Están en la esfera de la memoria explícita episódica, por ejemplo, los recuerdos relativos a las Navidades transcurridas en familia, junto al bagaje emocional que llevan consigo: la excitación antes de abrir un regalo, la agradable charla con los primos, la sensación de incomodidad ante un comentario poco acertado de un pariente no demasiado simpático. Ergorul y Eichenbaum definen así los recuerdos pertinentes a la esfera de la memoria episódica: «En conjunto, tales memorias almacenan información sobre "quién, qué, cuándo y dónde" y, por lo tanto, se denominan memorias "wwww"» [del inglés *who, what, when, where*].

Además de lo que concierne a la sensación, son los hechos los que constituyen la materia de la memoria episódica, a través de la cual los contornos del recuerdo, normalmente difuminados por el tiempo, recuperan cierta definición. De modo que se hacen más vívidos los colores del llamativo suéter navideño de la tía, las palabras intercambiadas con mamá o papá, las tenues luces del árbol, el menú por el que finalmente se optó. Sensaciones y hechos contribuyen a animar el momento pasado, haciéndolo temporalmente presente y más real en sus contornos y detalles. Podemos describir estos recuerdos a otros, a veces llegando a compartirlos y modificarlos junto a ellos, cuando nuestros oyentes también han participado en esos mismos episodios que estamos evocando, como ocurre durante los reencuentros con los compañeros del colegio o los colegas de la universidad. Discrepancias pueden transformar a un profesor que recordábamos simpático en un personaje odioso, o rehabilitar el buen nombre de quien considerábamos detestable. Las memorias explícitas episódicas son personales y su significado puede permanecer intacto o cambiar con el paso del tiempo.

De otro tipo es la memoria explícita semántica que, como hemos visto, tiene que ver con aspectos más nocionales que empíricos. Si intentáramos explicar a un alumno el teorema de Pitágoras, siendo tan eficaces como para proponerle también la demostración correspondiente, entonces deberíamos emplear este segundo tipo de facultad. Lo mismo ocurre cuando en nuestra profesión recurrimos a conceptos aprendidos durante los años universitarios, o cuando recordamos las reglas de un juego, los preceptos de la buena educación o los pasos a seguir para hacer un nudo complicado.

La memoria explícita semántica a menudo está bien diferenciada de la episódica, pero a veces ocurre que asistimos a su cooperación en la reproducción de un mismo recuerdo. A este respecto, un caso emblemático está representado por el testimonio de Andrew Lewis, que se encontraba a bordo del Titanic durante su hundimiento en el mar ocurrido el 14 de abril de 1912, en el cual perdieron la vida alrededor de mil quinientas personas. Lewis forma parte de los otros, los supervivientes, y su testimonio es de una lucidez desconcertante.

Dorothy Gibson, superviviente del hundimiento del Titanic, protagonizó y coescribió *Saved from the Titanic* (1912), el primer drama cinematográfico sobre la tragedia, estrenado solo 31 días después del desastre. En esta película muda, Gibson recreó su propia experiencia, usando la misma ropa que llevaba la noche del hundimiento. Aunque la película fue un éxito internacional, las últimas copias se perdieron en un incendio en 1914, quedando solo algunos documentos promocionales.

«Eran poco más de las 23:30 y había vuelto hace media hora a mi camarote después de haber estado haciendo compañía a una joven señora cuyo nombre, por razones obvias, no diré, ese nombre adorado que quedará para siempre grabado en mi corazón y en mi mente. [...] Mientras caminaba en precario equilibrio por la cubierta H, que estaba inclinada al menos 30 grados a babor, con la mente apagada e incapaz de pensar con claridad, me ocurrió ver a la señora cuyo nombre, por razones obvias, no diré, ese nombre adorado que quedará para siempre grabado en mi corazón y en mi mente. Ella también vagaba conmocionada y herida en sus sentimientos porque su marido, presa del pánico, la había abandonado para buscar una salvación más fácil. Rápidamente, le tomé la mano y la conduje a lo largo de la barandilla hacia un pequeño bote salvavidas que colgaba como el cadáver de un ahorcado de una cadena enredada en el cabrestante, que debería haber servido para bajarlo entre las olas. Obviamente, alguien de la tripulación en la agitación de aquellos momentos había errado en el procedimiento de amaraje. Una calma absoluta se apoderó de mí, y en la base de la pequeña grúa que servía para bajar el bote salvavidas al mar encontré las instrucciones de uso. Se leía: "Quite el pasador de seguridad A (figura 1) e inserte la boca de corte hexagonal del mango B en el reductor correspondiente C (figura 2); gire en el sentido de las agujas del reloj para liberar la cadena en la proa. Atención: no libere la cadena más de 30 centímetros, o el bote se inclinará demasiado hacia la proa y el amaraje se verá comprometido. Quite el pasador de seguridad X (figura 3), inserte la boca de corte hexagonal del mango Y en el reductor correspondiente Z (figura 4), gire en el sentido de las agujas del reloj para liberar la cadena en la popa. Atención, no libere la cadena más de 60 centímetros, de lo contrario el bote se inclinará demasiado hacia la popa y el amaraje se verá comprometido. Repita la operación con el mango B y luego con el mango Y por 60 centímetros a la vez, hasta que el bote haya alcanzado la superficie del agua"».

El testimonio de Andrew Lewis continúa detallado y prolijo hasta el final, feliz, de su salvamento, y concluye así:

«Nunca olvidaré, aunque doblara la existencia del profeta Matusalén, esa noche maldita y bendita en la que salvé a la señora cuyo nombre, por razones obvias, no diré, ese nombre adorado que quedará para siempre grabado en mi corazón y en mi mente. Tampoco olvidaré nunca las instrucciones para bajar al mar un bote salvavidas».

El relato de Lewis, del cual hemos leído solo una pequeña parte, resulta ser un híbrido convincente de un recuerdo experiencial y emocional, relativo a la señorita de nombre oculto, y uno más nocional, lógico y procedimental, de tal manera que incluso después de muchos años el hombre es capaz de evocar los pasos útiles para bajar al mar el bote salvavidas gracias al cual se salvará a sí mismo y a su querida. Difícilmente, en efecto, al evocar nuestros recuerdos podemos ver una neta división entre un tipo de memoria y otro, asistiendo más bien a una compenetración de las dos: a este respecto se habla de memoria autobiográfica.

Una vez más, la memoria nos sorprende con su ductilidad.

Homo faber. La memoria implícita o procedimental

Distinta de la memoria explícita es la memoria implícita, aquella que empleamos inconscientemente cuando realizamos tareas relativamente complejas. A menudo, el concepto de memoria implícita se identifica con el de memoria procedimental, aunque las dos cosas no sean realmente equivalentes. Para los fines de nuestro discurso, sin embargo, emplearemos los términos de manera indistinta.

Entre los seis y los diez meses de edad, la mayoría de los bebés aprende a gatear; entre los nueve y los dieciocho meses son capaces de caminar. Gatear y caminar son operaciones complejas, que requieren la coordinación muchos músculos con el fin de mover las piernas y mantener el equilibrio. Exigen, además, saber orientarse y percibir los objetos hacia los que nos dirigimos o de los que debemos mantenernos alejados. A partir de los dieciocho meses, ejercitan estas operaciones de manera cada vez más natural, sin tener que realizar ningún esfuerzo mnemónico intencionado: una vez que aprendemos a caminar, sabremos hacerlo para siempre. Lo mismo ocurre también con la lectura: leer es fatigoso, ya que convoca a diferentes facultades como el pensamiento analógico (gracias al cual es posible captar la existencia de relaciones lógicas entre partes aparentemente distintas y evaluar su naturaleza), el análisis crítico, la conciencia de nosotros mismos, la empatía o la intuición. «No hemos nacido para leer», afirma Maryanne Wolf, reconocida neurocientífica cognitivista y profesora en la Universidad de California. En uno de sus textos más conocidos, *Proust y el calamar*, la autora aborda el tema de la naturaleza artificial de la lectura poniendo en relación a uno de los escritores más «exigentes» en términos de recep-

Portada de *Proust and the Squid. The Story and Science of the Reading Brain.* Este libro de Maryann Wolf explora la evolución de la lectura y la escritura, y cómo estas habilidades han transformado tanto el cerebro humano como la sociedad.

ción activa por parte del lector y padre de la llamada lectura inmersiva, como es Marcel Proust, y la supuesta elementalidad (refutada posteriormente) de la estructura cerebral del calamar. El cerebro humano, sostiene Wolf, no dispone de un gen específicamente dirigido a la actividad de la lectura, sino que más bien ha evolucionado de tal manera que puede desarrollar este tipo de competencia, llegando a gestionarla con una elegante desenvoltura. Para hacer esto, ha tenido que multiplicar y convertir las neuronas destinadas a funciones visuales y a la denominación de los objetos en la capacidad de interpretar los signos y connotarlos simbólicamente. La palabra escrita, ya sea en forma de jeroglífico o de alfabeto latino, se ha vuelto así traducible, es decir, transponible desde la blancura de la página al interior de la mente de quien lee. Un trastorno como la dislexia plantea dificultades para efectuar este mecanismo de traducción, retrasando los tiempos con los que la palabra, podríamos decir así, «salta» de un lugar a otro. Queda el hecho de que leer sea de por sí antinatural, y que su puesta en práctica requiera una modificación de la estructura cerebral: no es casualidad, de hecho, que quien aprende a leer a una edad avanzada —y, por lo tanto, dispone de una conformación cerebral menos plástica— encuentre dificultades mucho más severas que quien, por el contrario, conoce esta práctica desde niño.

Por otra parte, nuestra capacidad de ejercer inconscientemente la memoria procedimental se extiende también a aquellas actividades que hemos aprendido a realizar en edad más avanzada. Puede ser que recordemos el día en que aprendimos a andar en bicicleta sin ruedines, o en que tomamos un instrumento musical por primera vez para luego, paulatinamente, perfeccionar su técnica. Si pensamos en esos momentos específicos, vuelven en sus tonalidades fácticas y emotivas: recordamos la camiseta que lle-

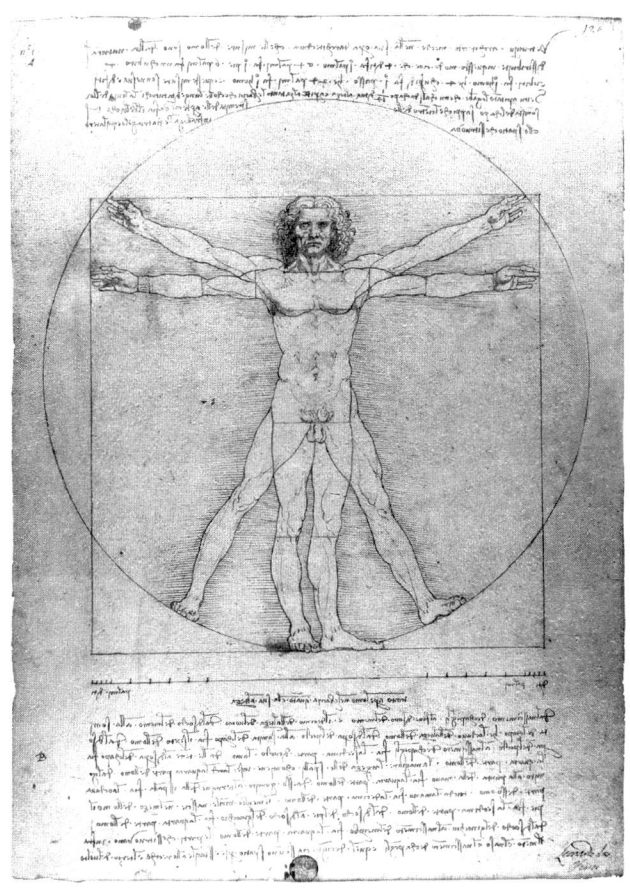

Las notas alrededor del Hombre de Vitruvio detallan las proporciones ideales del cuerpo humano según las observaciones de Vitruvio, un arquitecto romano; Leonardo da Vinci las anotó en su característica escritura especular (escritura en espejo).

vábamos puesta, el lugar en el que estábamos, saboreamos de nuevo la sensación de alegría y asombro que experimentamos entonces. Todo esto pertenece a la memoria explícita episódica, de la cual ya hemos hablado anteriormente; pero cuando montamos en bicicleta o nos disponemos a tocar una pieza musical, no son esos recuerdos los que vamos a buscar, sino aquellos relacionados con la memoria implícita, gracias a los cuales podemos recordar «cómo se hace» y ponerlos en práctica.

La memoria procedimental también puede engañarnos. En las calles de Londres, en correspondencia con los puntos de cruce peatonal, se encuentran difusamente escrito «Look right», seguidos de un gran «Look left». No se trata de arte urbano, sino de la conciencia en torno al hecho de que existe cierta dificultad, para los turistas acostumbrados a circular por la derecha, como nosotros, a mirar en la dirección correcta antes de abandonar la seguridad de la acera. Sabemos que en Inglaterra se conduce por la izquierda, pero no lo recordamos y actuamos sin reflexionar conscientemente, reproduciendo los mecanismos operativos que solemos poner en práctica cada vez que tenemos que cruzar una calle.

¿Otro ejemplo? Intentemos escribir mirando el papel reflejado en el espejo y no directamente. Si nos cuesta es porque los movimientos que realizamos inconscientemente usando la memoria procedimental dan un resultado que, visto en el espejo, nos parece erróneo.

En cualquier caso, la memoria procedimental es un recurso precioso, ya que nos permite llevar a cabo actividades complejas sin empeñar nuestra atención consciente, y también permanente, en la medida en que no se ve afectada por el avance de la edad, sino que puede ser dañada solo en casos de patologías extremas.

2. El Mapa. Topología de la memoria

Imaginemos que logramos empequeñecernos hasta el punto de poder colarnos en el interior de la cabeza de alguien y explorar su cerebro. Lo recorremos con nuestras nuevas facciones liliputienses, maravillándonos ante su perfecta geometría y su orden armonioso. Aquí dentro, cada detalle tiene una precisa razón de ser, nada se deja al azar. Transitamos por amplias y pulcras avenidas, visitamos estancias luminosas de altos techos. Esta topología de la racionalidad nos sobrecoge. Sin embargo, al continuar nuestra exploración, los escenarios cambian: las regiones del cerebro son asombrosamente diversas entre sí, y nos sentimos desorientados. Necesitaríamos un mapa.

El cerebro, en efecto, dista de ser un lugar uniforme. Desde la antigüedad, se considera la estructura cerebral la sede de nuestras actividades mentales y cognitivas: ya Platón e Hipócrates la señalaban como el asiento y motor del pensamiento, y tal convicción se ha fortalecido con el paso de los siglos, zigzagueando entre creencias religiosas, teorías filosóficas, estudios neurocientíficos y psicoanalíticos. No es inusual que se haya denominado al cerebro con diversos apelativos según sus cualidades: conciencia, mente, intelecto, alma. Palabras con orígenes y significados profundamente diversos, a menudo yuxtapuestas injustamente en el intento de nombrar procesos afines como pensamientos, recuerdos, sentido del yo, razonamientos lógicos, experiencias sensoriales, estados de ánimo... fenómenos que inevitablemente ubicamos en nuestro fuero interno, pues los sentimos emerger del núcleo más profundo de nuestro ser.

Intentaremos arrojar luz sobre este abismo abrazando la idea de que nuestros estados interiores son indisociables de la materia cerebral, y así trataremos de explicar por qué elementos que nos parecen tan afines en su naturaleza difieren ligeramente en su origen. Al evocar un recuerdo, por ejemplo, activamos una región específica del cerebro, distinta de aquella a la que apelaríamos para resolver una ecuación matemática. El cerebro posee su propio mapeo, dividiéndose en regiones anatómicamente distintas, cada una responsable de capacidades mentales específicas. He aquí por qué percibimos una diferencia entre hacer cálculos y hablar una lengua extranjera, aun reconociendo que ambos procesos son de naturaleza mental: cada actividad cerebral es, podríamos decir, una odisea por nuestro interior, en la medida en que para llevarla a cabo transitamos por diferentes provincias del reino del pensamiento.

Joseph Gall (1758-1828)

Historia de la cartografía

Entre los primeros en postular que distintas capacidades mentales son ejecutadas por regiones anatómicamente diferenciadas de nuestro cerebro se encontraba el doctor Franz Joseph Gall (1758-1828). Médico y neuroanatomista de origen alemán, el doctor Gall desafiaba el pensamiento de la época, firmemente convencido de la centralidad del corazón en la activación de procesos emocionales y perceptivos. Por el contrario, Gall sostenía que tales operaciones debían atribuirse no al corazón, sino al cerebro, y las concebía como procesos de naturaleza biológica. Esta perspectiva tenía un alcance revolucionario, pues no solo contrastaba con la visión religiosa predominante, que defendía la idea de un alma inmaterial e inmortal, sino también con las teorías del filósofo y matemático René Descartes (1596-1650), que habían dividido los círculos intelectuales y académicos de la época.

Gall, en particular, cuestionaba el postulado cartesiano según el cual los seres humanos estaríamos compuestos por dos esencias separadas: la *res cogitans*, identificada con el alma o, en general, con el pensamiento y la autoconciencia; y la *res extensa*, materia que engloba todo lo que no es actividad de pensamiento, comenzando por el propio cuerpo. Aunque ontológicamente distintas, en la teoría de Descartes estas interactúan a través de la glándula pineal, una pequeña glándula endocrina productora de melatonina e implicada en la regulación del sueño y los ritmos circadianos. Lo que Descartes reduce a tres elementos, Gall lo expande a veintisiete, argumentando que tal es el número de facultades mentales (diecinueve presentes tanto en humanos como en otros animales, y ocho únicamente en los seres humanos) y que cada una de ellas es ejecutada por una región específica de la corteza cerebral.

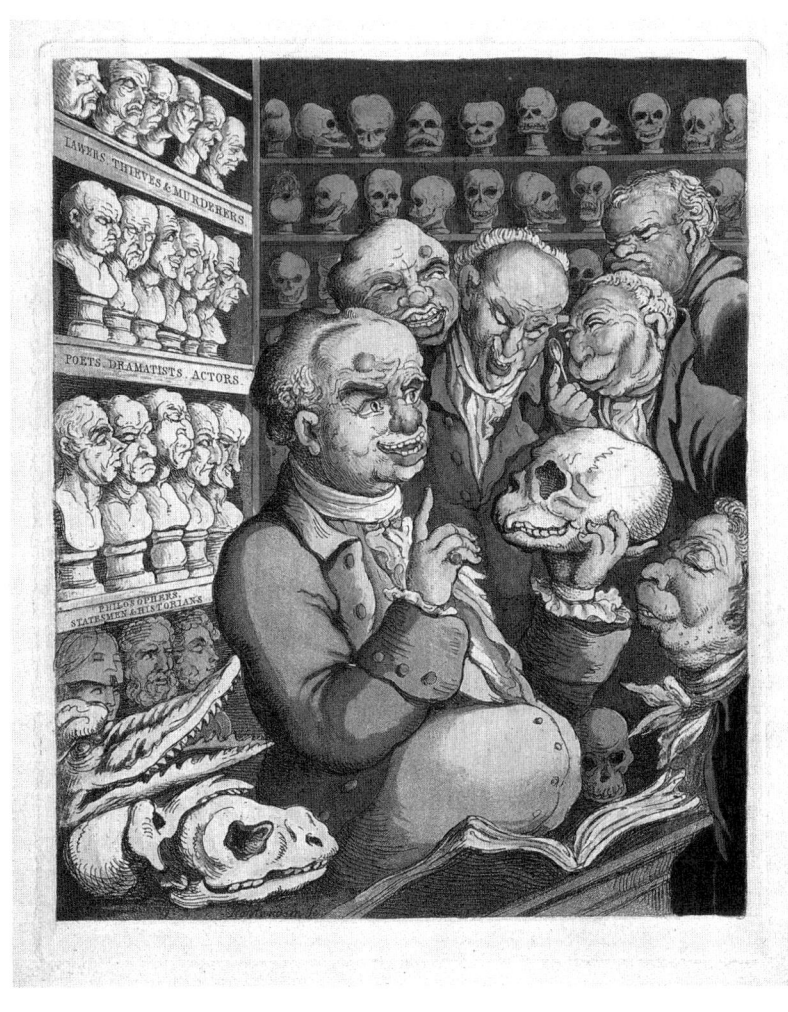

Caricatura de Gall y los frenólogos, con algunas protuberancias
craneales (1808) [Wellcome Collection].

¿Cómo verificar esta idea, fundamento de la doctrina frenológica? Según Gall, el ejercicio de una función mental conlleva la hipertrofia de la región cerebral correspondiente. Las consecuencias serían evidentes: la presión del cerebro sobre el cráneo causaría una protuberancia del mismo, dando lugar a una superficie repleta de abolladuras y bultos. Esta suposición influyó en las teorías de antropología criminal de Cesare Lombroso, según las cuales ciertos rasgos del aspecto exterior de un individuo podrían revelar mucho sobre su índole interior. Sin embargo, la hipótesis de un «culturismo cerebral» propuesta por Gall, por más imaginativa que fuera, no ha encontrado respaldo en evidencia experimental alguna y ha sido, por tanto, completamente desacreditada.

La influencia de Gall en el pensamiento posterior, no obstante, sigue siendo patente. El pionero en proponer un enfoque experimental para localizar las funciones mentales fue, con toda probabilidad, el doctor Marie-Jean-Pierre Flourens (1794-1867), quien trabajó con conejos y palomas para examinar déficits conductuales en sujetos con lesiones cerebrales. A Flourens se le atribuyen varios avances en el conocimiento neurocientífico: estableció que la extirpación de los hemisferios cerebrales puede provocar la pérdida de sensibilidad a estímulos ambientales, que el cerebelo está vinculado a funciones de equilibrio y coordinación motora, y que la extirpación del tronco encefálico conlleva la muerte del individuo. Desafortunadamente, sus investigaciones no lo llevaron a su objetivo final. Flourens nunca alcanzó la «tierra natal de los recuerdos», ya que no logró identificar ninguna zona específica de la corteza cerebral responsable de la memoria y las capacidades cognitivas en general, concluyendo que estas están deslocalizadas en la masa encefálica.

La exploración del mapa cerebral continuó, y sus siguientes pioneros fueron el neurólogo parisino Paul Pierre Broca (1824-1880) y el psiquiatra bratislavo Carl Wernicke (1848-

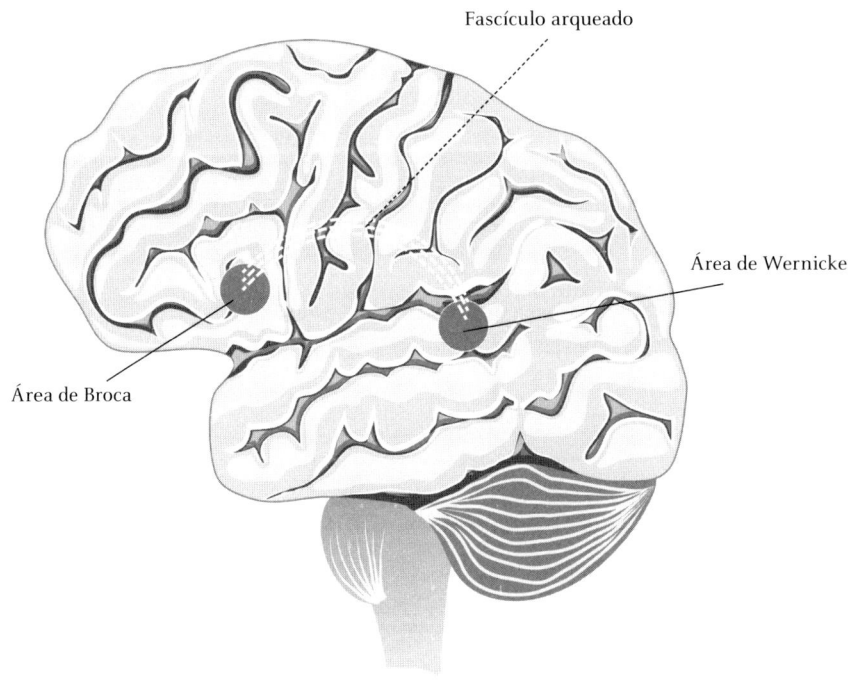

Fascículo arqueado

Área de Wernicke

Área de Broca

1905). Ambos examinaron pacientes con formas específicas de amnesia, centrándose en sus condiciones *post mortem* y en daños específicos en sus cortezas cerebrales. Un paciente examinado por Broca, por ejemplo, había perdido la capacidad de expresarse tanto oralmente como por escrito, aun siendo capaz de comprender el discurso ajeno. Este déficit lingüístico fue atribuido por el neurólogo a una lesión en el lóbulo frontal del hemisferio cerebral izquierdo. Esta zona, posteriormente confirmada como responsable de las habilidades lingüísticas, es conocida hoy como área de Broca.

Los estudios de Wernicke fueron complementarios, centrándose en un tipo particular de afasia. En sus escritos describe a un paciente incapaz de comprender el lenguaje escrito y oral, pero capaz de producir un discurso completo, aunque carente de sentido para el oyente. El origen del problema fue atribuido a un área posterior del hemisferio izquierdo, luego denominada área de Wernicke, donde el psiquiatra había constatado una lesión significativa. Combinando los estudios de ambos, se llegó a comprender que la habilidad lingüística nace y se desarrolla en tres áreas cerebrales distintas pero interconectadas. De hecho, el área de Broca y la de Wernicke están unidas por una especie de puente nervioso, el llamado fascículo arqueado.

Las teorías mnemónicas contemporáneas, que exploraremos más adelante, son herederas directas de los estudios de estos dos neurólogos. La hipótesis común a todas ellas afirma que los recuerdos complejos son posibles gracias a la cooperación de distintas regiones interconectadas en nuestro cerebro, cada una de las cuales preserva un aspecto diferente de la experiencia global que evocamos cada vez que recordamos.

Henry Gustav Molaison, el paciente H. M.

Un nuevo día. El caso H. M.

Si la historia del saber es un relato de personas y acontecimientos, avanzar en el conocimiento implica, en ocasiones,
confrontar circunstancias jubilosas con sucesos trágicos,
cuando la fortuna no acompaña. En esta última categoría
se inscribe la historia de Henry Gustav Molaison, inmor-
talizado en los anales de la ciencia como el paciente H. M.,
que arrojó luz sobre los lóbulos temporales de la corteza
cerebral, considerados hoy el epicentro de la adquisición de
nuevos recuerdos.

La vida de H. M. podría haber transcurrido sin sobresal-
tos, de no ser por un accidente sufrido a la tierna edad de
siete años. El severo trauma craneal que experimentó desencadenó una forma leve de epilepsia, cuyos síntomas se
manifestaron poco después. Al cumplir los dieciséis, sus
crisis epilépticas se tornaron más frecuentes e intensas, exa-
cerbando un malestar que, para colmo, se mostró resistente
a todo tratamiento farmacológico. Imaginemos la angustia
de un joven, atormentado por una disfunción tan incapaci-
tante que, a los veintisiete años, lo llevó a someterse a un
tratamiento neuroquirúrgico experimental. Corría el año
1953, y la intervención, sumamente invasiva, consistía en
la extirpación de aquellas porciones de la corteza cerebral
que se presumían origen de las crisis epilépticas. La operación fue un éxito y la epilepsia comenzó a remitir. Un ali-
vio, pensaríamos. Sin embargo, a partir de ese día, el comportamiento de H. M. se tornó cada vez más extraño: algo
en su interior se había roto irremediablemente.

Podía conocer a alguien y, horas después, no tener la
menor idea de quién era; o repetir la misma pregunta una
y otra vez, olvidando instantáneamente cada respuesta recibida. Además, se enfrentaba a enormes dificultades para

asimilar nuevos conocimientos y conceptos. La intervención había tenido un efecto secundario imprevisto. Había desarrollado una forma específica de amnesia, denominada anterógrada, que le impedía adquirir nuevos recuerdos explícitos. En otras palabras, para H. M. cada día se superponía al anterior, borrándolo.

Mientras que algunos aspectos la memoria a corto plazo y la operativa parecían indemnes, la capacidad de almacenar información a largo plazo se había visto gravemente comprometida. H. M. podía evocar eventos pasados solo parcialmente: recordaba con nitidez sucesos lejanos, como los de su infancia, pero su mente era incapaz de retener nada de lo acontecido en el pasado reciente. Esto afectaba principalmente a la memoria explícita episódica, y en menor medida a la semántica. La memoria procedimental, que permite ejecutar procesos más o menos complejos —como atarse los cordones— incluso de forma inconsciente, permanecía intacta: además de conservar los procedimientos ya adquiridos, H. M. era capaz de aprender nuevas habilidades operativas sin olvidarlas. Por ejemplo, mediante la práctica repetida, logró aprender a realizar dibujos geométricos complejos siguiendo el trazo del lápiz sobre el papel a través de su reflejo en un espejo.

¿Qué conclusiones podemos extraer del infortunado caso de H. M.? Principalmente, tres:

1. Las áreas cerebrales implicadas en la conservación de un recuerdo varían según se trate de memoria explícita o procedimental. Estudios posteriores al caso de H. M. sugieren que la memoria semántica se procesa y almacena en una zona cerebral de evolución reciente, como la neocorteza, mientras que la memoria procedimental se localizaría en áreas ya desarrolladas en otras especies animales.

2. Un recuerdo, una vez consolidado, puede alojarse en una parte del cerebro distinta de aquella donde se formó. Esto se infiere del hecho de que H. M., a pesar de las lesiones en su hipocampo, era incapaz de aprehender nuevos eventos, pero podía rememorar acontecimientos de su infancia, como si estos hubieran «migrado» a otra región cerebral.

3. La dificultad de H. M. para recordar sucesos ocurridos justo antes de la operación también sugiere que el proceso de archivo y consolidación de los recuerdos se extiende durante períodos considerablemente largos, del orden de varios años.

La odisea de Henry Gustav Molaison es a la vez insólita, asombrosa y melancólica, pero concluye con una nota esperanzadora: a pesar de sus padecimientos, su coeficiente intelectual permaneció inalterado y, más importante aún, su personalidad se mantuvo intacta hasta su último aliento, que exhaló a la venerable edad de ochenta y dos años.

Henry Gustav Molaison [Corkin].

'Overwhelmingly moving...
a description of utterly unselfish love'
Daily Mail

DEBORAH WEARING

FOREVER
TODAY

A TRUE STORY OF
LOST MEMORY AND
NEVER-ENDING LOVE

SUBJECT OF THE ITV DOCUMENTARY
The Man with the Seven Second Memory

Portada de la obra autobiográfica de Deborah Wearing, en la que aparece junto a su esposo Clive. Él sufrió una devastadora amnesia que le impedía recordar más allá de unos pocos segundos, pero no borró su amor ni su talento musical. El libro fue editado por Penguin en septiembre de 2011.

Cuando la vida es como una película. El caso Wearing

El 17 de septiembre de 2007, las páginas de la prestigiosa revista *The New Yorker* acogieron un artículo titulado «The Abyss», rubricado por una pluma de renombre: Oliver Sacks. El eminente neurólogo y escritor había quedado cautivado por un caso excepcional de amnesia, a su juicio, el más devastador jamás documentado. Sacks nos sumerge en la historia de Clive Wearing, un musicólogo inglés de unos cuarenta años que en 1985 contrajo una encefalitis herpética. Esta infección desencadenó daños graves en los lóbulos temporales derecho e izquierdo, el lóbulo frontal e incluso el hipocampo. La amnesia resultante era, al igual que en el caso de Molaison, de tipo anterógrado, pero acompañada además de una amnesia retrógrada. Wearing no solo era incapaz de forjar nuevos recuerdos duraderos, sino que también había perdido la facultad de evocar conocimientos y eventos del pasado, incluidos los nombres de sus propios hijos. Lo singular del caso Wearing, más allá de su gravedad, reside en un detalle intrigante: exceptuando la amnesia, el hombre conservaba la capacidad de reconocer a su esposa Deborah, con quien había contraído segundas nupcias apenas un año antes de la infección viral.

Es precisamente Deborah quien sirve a Sacks como guía para adentrarnos en el laberinto mental de su marido. Su testimonio, plasmado en el libro *Forever Today: A Memoir of Love and Amnesia*, es el de alguien que intenta lo imposible: percibir el mundo a través de los ojos de su amado, cuando esos ojos son incapaces de retener imagen alguna de la realidad. «Intenté imaginar cómo sería para él. [...] Una especie de película con fallos de continuidad: el vaso que pasa de medio vacío a lleno sin explicación, el cigarrillo que de repente se alarga, el cabello del actor que oscila entre despeinado y perfectamente arreglado. Pero esto no era ficción, sino la vida real: una habitación que mutaba de formas físicamente imposibles». La existencia de Clive Wearing se cristalizaba en efímeros instantes de lucidez, adquiridos súbitamente pero disipados con la misma premura. Un oleaje de lucidez y olvido, donde la conciencia se deshacía en fragmentos, como los restos que un río arrastra por su cauce, siempre cambiantes, nunca fijos.

En un intento por anclar su realidad, Wearing comenzó a llevar una suerte de diario. Sus anotaciones, breves y esenciales, evocaban esos pensamientos fugaces que afloran al despertar momentáneamente durante una larga noche:

«14:10: Esta vez verdaderamente despierto».
«14:14: Esta vez por fin despierto...».
«14:35: Esta vez completamente despierto».

Al narrar el caso Wearing, Sacks rememora a otro paciente suyo, también aquejado de una amnesia severa. Cada vez que este hombre se encontraba con el neurólogo, lo identificaba como una persona distinta: un amigo, un cliente, un carnicero kosher... Podía atribuirle una docena de identidades diferentes en cuestión de minutos. Actuaba de manera espontánea e inconsciente, como un director de escena intentando montar un espectáculo imposible. Así procuraba dotar de una continuidad narrativa a su cerebro desorientado, pero se veía obstaculizado por una memoria irremediablemente mermada.

Aún está por verse si este peculiar «experimento natural» facilitará el avance científico en la comprensión de los procesos mnemónicos. Sin embargo, estos casos ponen de manifiesto, como ningún otro, el vínculo indisoluble entre memoria e identidad sobre el que hemos reflexionado anteriormente. La realidad se torna insustancial cuando carece de coherencia intrínseca, y la autoconciencia se reduce a una ilusión efímera en ausencia de recuerdos. El diario de Wearing y el «drama» del paciente de Sacks son manifestaciones superficiales de la profunda desolación que debe experimentarse cuando, de manera abrupta, la memoria nos abandona.

3. Ondas. Las neuronas que hablan

«El hombre mortal, Leucó, solo tiene esto de inmortal:
el recuerdo que porta y el recuerdo que lega».
CESARE PAVESE, *Diálogos con Leucó*

La esencia de la memoria es, en cierto modo, como el mar. En las playas estivales, es común la algarabía de niños y jóvenes jugando con las olas. Masas de agua, grandes y pequeñas, embisten a los bañistas, envolviéndolos sin lastimarlos, arrastrándolos suavemente de un sitio a otro. El niño que ríe con el oleaje es sobrepasado y envuelto, mas nunca subyugado: etéreas en su paso, las olas se escurren constantemente de las manos que intentan aprisionarlas. Su materialidad es tan evidente en su capacidad de zarandearlos como elusiva en su naturaleza líquida y efímera.

Como las olas marinas, los recuerdos bañan a quien los evoca, pero se resisten a ser apresados. La memoria, como el océano, se extiende vasta e indefinida, aparentemente intangible, pero está compuesta por una materia precisa, ordenada, compacta. El poder del recuerdo se revela cuando provoca nuestra risa o nuestro llanto: surge inesperadamente, sorprendiéndonos con algo que creíamos (o anhelábamos) haber olvidado. Percibimos la memoria, pero no la palpamos: observamos su manifestación en forma de recuerdos, pero su sustancia permanece esquiva. Nos

En los *Dialoghi con Leucò*, dioses y héroes de la mitología griega se enfrentan a las preguntas más profundas sobre el destino, el dolor y la naturaleza humana. Edición de Einaudi / ET Scrittori, 2020.

envuelve con delicadeza, insinuando su alcance sin revelar su esencia. ¿Cómo está forjada la memoria? Como las olas, parece a primera vista compuesta de una materia líquida que fluye sobre nosotros.

Sin embargo, el cuerpo de la memoria es sólidamente tangible. Cada recuerdo emerge de un entramado de microentidades vivas, reactivas y tridimensionales, cada una con su propia singularidad física. Los procesos cerebrales distan de ser etéreos: su realidad es palpable y corpórea, como evidencia el hecho de que una lesión cerebral puede mermar la capacidad mnemónica de quien la sufre.

Esta analogía entre el mar y la memoria no es novedosa. En los *Diálogos con Leucó*, de Cesare Pavese (1947), encontramos a Leucotea, la deidad de tez blanca como la espuma marina, en diálogo con Circe. A diferencia de la hechicera, Leucotea conoce la esencia de la humanidad: ella misma fue mortal, cuando respondía al nombre de Ino. Quizás por ello Circe acude a ella, y no a otros, buscando consuelo por la partida de Odiseo y, más aún, una explicación tácita de por qué él optó por marcharse, eligiendo una muerte certera frente a una inmortalidad asegurada. Circe narra y cavila en voz alta, hasta que repara en un detalle singular. Odiseo jamás sonreía ni comprendía la perpetua sonrisa de Circe. No lograba descifrar la sonrisa de los dioses, de aquellos que conocen el destino. Solo en raras ocasiones las comisuras de sus labios se elevaban, cuando el olvido de su triste presente le permitía rememorar sus días en Ítaca. Circe aún se maravilla ante aquellos ojos colmados de recuerdos: los dioses, después de todo, no contemplan el pasado, sino únicamente el futuro. La hechicera desconoce la naturaleza de la memoria. Y, sin embargo, ahora casi llora al evocar sus días con Odiseo, palpando el abismo que siempre los separó. Observándola en silencio, Leucotea, guardiana del mar, es testigo de las escasas palabras de una divinidad que, por una vez, recuerda.

Autorretrato de Santiago Ramón y Cajal en 1915 [csic].

Una red en el mar: el sistema nervioso

Nuestra mirada se posa sobre las islas que conforman el vasto archipiélago de la memoria. Un azul penetrante acaricia sus orillas: el mar envuelve cada elemento y sostiene su peso. Omnipresente y profundo, su cuerpo líquido evoca la esencia misma de los recuerdos.

Adentrarnos en el universo del recuerdo nos enfrenta, como hemos señalado, con la dualidad fluida y sólida de la memoria. Si bien su faceta más etérea la experimentamos cotidianamente en múltiples formas, su dimensión más tangible elude nuestros sentidos. ¿Cuál es la composición de la memoria? ¿Qué mecanismos la impulsan? ¿En qué radica su materialidad?

El guardián y codificador de nuestros recuerdos es el sistema nervioso, cuyas unidades funcionales son las células nerviosas o neuronas. Específicamente, los recuerdos se forjan en circuitos neuronales precisos de nuestro cerebro. El mérito de haber identificado y caracterizado por primera vez las neuronas recae en gran medida en el anatomista español Santiago Ramón y Cajal (1852-1934), quien también enunció principios fundamentales sobre la comunicación neuronal y la génesis de sus circuitos. Sus investigaciones le valieron el premio Nobel de medicina en 1906, galardón que compartió con el científico italiano Camillo Golgi (1843-1926). Golgi había perfeccionado la técnica de tinción de plata o tinción negra, crucial para que Ramón y Cajal visualizara neuronas en el cerebro.

A pesar de su colaboración, ambos científicos mantuvieron visiones divergentes sobre la naturaleza de las células nerviosas. Ramón y Cajal postulaba que las neuronas formaban redes predefinidas y estables, donde cada célula nerviosa recibía señales de un número limitado de neuronas para transmitirlas a otras. En contraste, Golgi concebía las neuronas como una red interconectada, sin discontinuidad física entre células, donde las señales se propagaban libremente en todas direcciones, sin estar confinadas en circuitos predeterminados. El devenir de la neurobiología ha confirmado la perspectiva de Ramón y Cajal.

Retrato de Bartolomeo Emilio Camillo Golgi
(1843-1926), científico y médico italiano [CSIC].

La neurona como protagonista

Las neuronas, lejos de ser uniformes, presentan una diversidad notable en forma y tamaño. Sin embargo, comparten una estructura básica: un cuerpo central del que emergen múltiples ramificaciones delgadas, las dendritas, y una única prolongación más larga, el axón, que culmina en varias terminaciones axonales (*figura 1A*). Nuestro cerebro alberga la asombrosa cifra de ochenta y cinco mil millones de estas células nerviosas, acompañadas por un número similar de células gliales, cuya función es brindar soporte y asistencia a las neuronas.

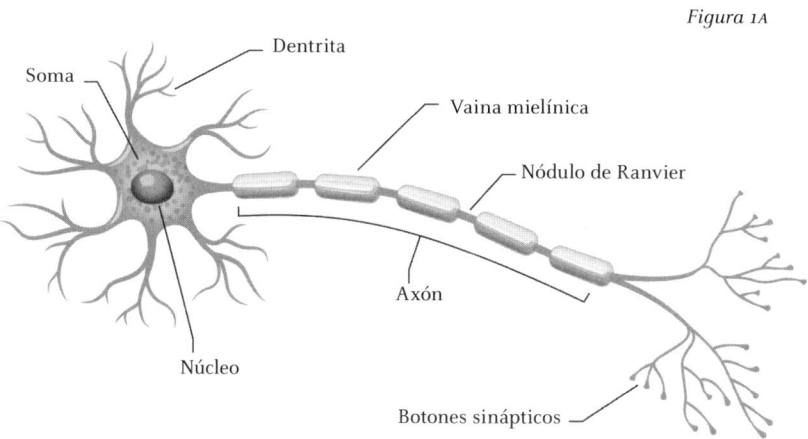

Figura 1A

En este intrincado paisaje celular, las dendritas actúan como antenas receptoras de señales nerviosas. Una vez captada, la señal viaja por el cuerpo celular y se propaga a lo largo del axón, para finalmente transmitirse a las dendritas de otras neuronas a través de estructuras especializadas llamadas sinapsis. Este viaje de la información no se limita a una ruta única: puede darse entre axones (sinapsis axo-axónicas) o entre el axón de una neurona y el cuerpo celular de otra (sinapsis axo-somáticas) (*figura 1B*). En cualquier caso, la comunicación neuronal sigue una dirección definida, con una neurona emisora y otra receptora.

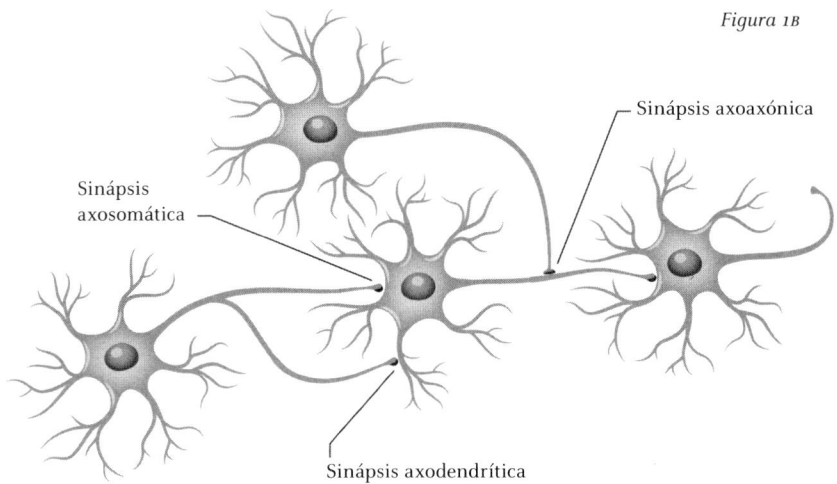

Figura 1B

Sinápsis axoaxónica

Sinápsis axosomática

Sinápsis axodendrítica

Pero, ¿qué es exactamente una señal nerviosa? ¿Y qué implica que dos neuronas estén «en contacto»? Adentrémonos en la fascinante materia de la memoria para descubrirlo.

Moverse. La señal nerviosa

Cada célula de nuestro cuerpo, sea neurona o no, está envuelta por una membrana citoplasmática. Esta estructura, compuesta por una doble capa de lípidos (principalmente fosfolípidos, colesterol y glucolípidos) e intercalada con proteínas transmembrana, es un guardián celular de apenas 5-10 nanómetros de grosor. Su función va más allá de delimitar la célula: regula meticulosamente el tráfico molecular entre el interior y el exterior. Además, esta delgada barrera es el escenario de un fenómeno crucial: una diferencia de potencial eléctrico entre sus caras, con el exterior cargado positivamente y el interior negativamente.

¿Cómo se genera esta diferencia de potencial? En el fluido extracelular, encontramos una alta concentración de iones sodio (Na^+, aproximadamente 150mM) equilibrada por una concentración similar de iones cloro (Cl^-). Los iones potasio (K^+) están presentes en una concentración diez veces menor. Dentro de la célula, este paisaje iónico se invierte: las concentraciones de Na^+ y Cl^- rondan los 10mM, mientras que la de K^+ alcanza los 150mM. El exceso de cargas positivas intracelulares se equilibra con las cargas negativas de las proteínas celulares.

La membrana alberga canales proteicos que permiten el paso selectivo de iones K^+, pero no de Na^+ o Cl^-. Siguiendo su gradiente de concentración, los iones K^+ tienden a salir de la célula. Esta salida crea un exceso de cargas negativas en el interior celular, ya que las proteínas cargadas negativamente son demasiado grandes para atravesar los canales. Este desequilibrio atrae las cargas positivas de Na^+ al exterior de la membrana, sin que puedan atravesarla. Así se establece la diferencia de potencial: positivo fuera y negativo dentro.

El equilibrio se alcanza cuando la tendencia de K^+ a salir por su gradiente de concentración se iguala con su tendencia a entrar, atraído por las cargas negativas internas.

Las neuronas se distinguen por su excitabilidad. A diferencia de otras células, pueden alterar la permeabilidad de su membrana a Na^+ y K^+ en respuesta a estímulos específicos. Esto se debe a la presencia de canales dependientes de voltaje para estos iones, además de los canales K^+ regulares.

En reposo, las neuronas mantienen una diferencia de potencial de aproximadamente -70mV. Los canales dependientes de voltaje, normalmente cerrados, se abren cuando el potencial de membrana cambia significativamente.

Cuando el potencial alcanza un umbral (típicamente −55mV), los canales Na^+ dependientes de voltaje se abren, permitiendo un rápido influjo de Na^+. Esto eleva el potencial hasta +35mV en apenas un milisegundo. Seguidamente, se abren los canales K^+ dependientes de voltaje y se cierran los de Na^+. La salida de K^+ restaura el potencial de reposo, incluso llegando brevemente a un valor ligeramente más negativo.

Este fenómeno, conocido como potencial de acción, dura unos milisegundos y tiene una forma característica (*figura 1c*). Tras el potencial de acción, las concentraciones iónicas se restablecen mediante bombas iónicas que expulsan Na^+ e introducen K^+, un proceso que requiere energía en forma de ATP.

El potencial de acción se propaga a lo largo del axón como una ola. Imaginemos una fila de fichas de dominó: al caer la primera, desencadena una reacción en cadena. De manera similar, el potencial de acción avanza, «activando» sucesivamente cada segmento del axón. La genialidad de este sistema radica en su unidireccionalidad: una vez que un segmento ha «caído», se vuelve temporalmente refractario, asegurando que la señal solo avance hacia delante.

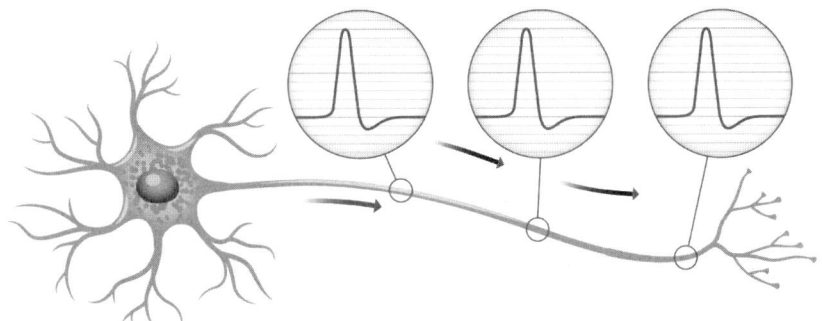

Figura 1c

En muchas neuronas, los axones están recubiertos por una vaina de mielina, formada por células gliales. Esta vaina actúa como un aislante, interrumpida por nodos de Ranvier donde se puede generar el potencial de acción. Este diseño permite que la señal «salte» de nodo a nodo, acelerando su propagación hasta cien veces. En síntesis:

1. La señal nerviosa es una onda de cambio en el potencial de membrana, viajando a velocidades entre 1 y 100 metros por segundo.
2. La propagación unidireccional se asegura por la refractariedad temporal de las zonas recién activadas.
3. El principio de «todo o nada» del potencial de acción garantiza la integridad de la señal a lo largo de su recorrido.
4. La intensidad de una sensación se codifica en la frecuencia de los potenciales de acción, no en su amplitud.
5. La mielinización de los axones actúa como un «superconductor» biológico, acelerando dramáticamente la transmisión de señales.

Los mecanismos moleculares responsables del potencial de acción fueron elucidados principalmente por Andrew Huxley y Alan Hodgkin, quienes recibieron el Premio Nobel de Medicina en 1963 por este trabajo fundamental.

Células que hablan. Las sinapsis

Todos hemos oído hablar de las sinapsis; pero, ¿qué son exactamente estas entidades que hemos mencionado brevemente en los párrafos anteriores? La etimología de su nombre puede darnos una idea: «sinapsis» deriva del griego *synaptein*, compuesto por la partícula *syn* («con») y el verbo *aptein* («tocar»). En otras palabras, las sinapsis son estructuras complejas que permiten un contacto y, específicamente, un contacto entre dos células nerviosas (y no solo: también posibilitan la señalización entre neuronas y células musculares, sensoriales o glándulas endocrinas). En línea con lo visto anteriormente, son las sinapsis las que sustentan el viaje de la señal nerviosa, que se mueve en forma de potencial de acción a través del sistema. Dado que el cerebro humano alberga ochenta y cinco mil millones de neuronas y que cada una de ellas puede formar entre mil y diez mil sinapsis, cada ser humano contiene un número de sinapsis entre cien y mil billones.

Durante un tiempo, existieron dos hipótesis contrapuestas sobre el funcionamiento de las sinapsis. La primera sugería que la señal intercambiada entre la neurona presináptica (la que transmite el mensaje) y la postsináptica (la que lo recibe) era una señal de tipo eléctrico; la segunda, en cambio, sostenía que la transmisión ocurría a través de una señal de tipo químico. Finalmente, gracias en parte a la resolución de los detalles estructurales de las sinapsis obtenidos con el uso de la microscopía electrónica, se descubrió que existen dos tipos distintos de sinapsis: las eléctricas y las químicas (*figura 1D*).

Comencemos con las primeras. A nivel anatómico, las sinapsis eléctricas están compuestas por la yuxtaposición de dos canales que se extienden a partir de las membranas citoplasmáticas de las dos neuronas en conexión (*figura 1D arriba*). Cada uno de los canales tiene un diámetro interno muy reducido, de aproximadamente 1 o 2 nanómetros, apenas suficiente para permitir el paso de iones y pequeñas moléculas.

Figura 1D

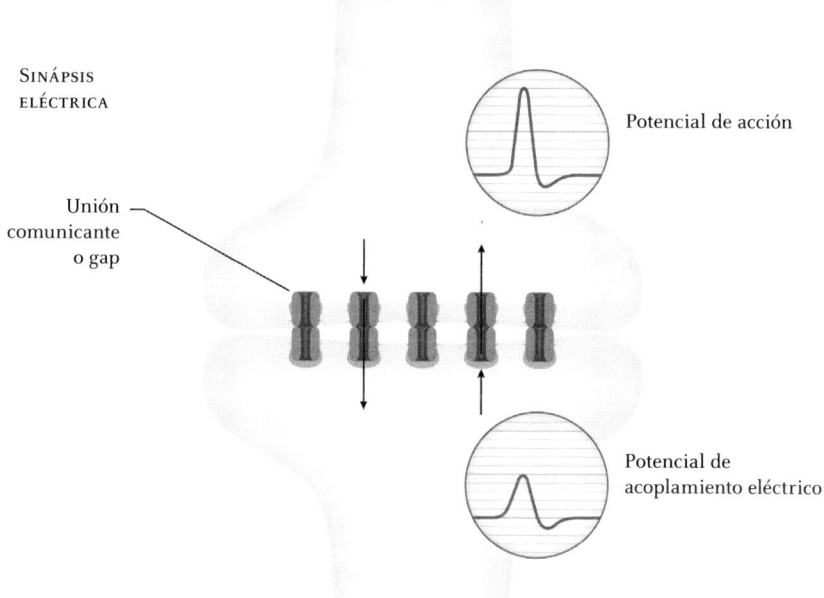

Potencial de acción

Unión
comunicante
o gap

Potencial de
acoplamiento eléctrico

Sinápsis
química

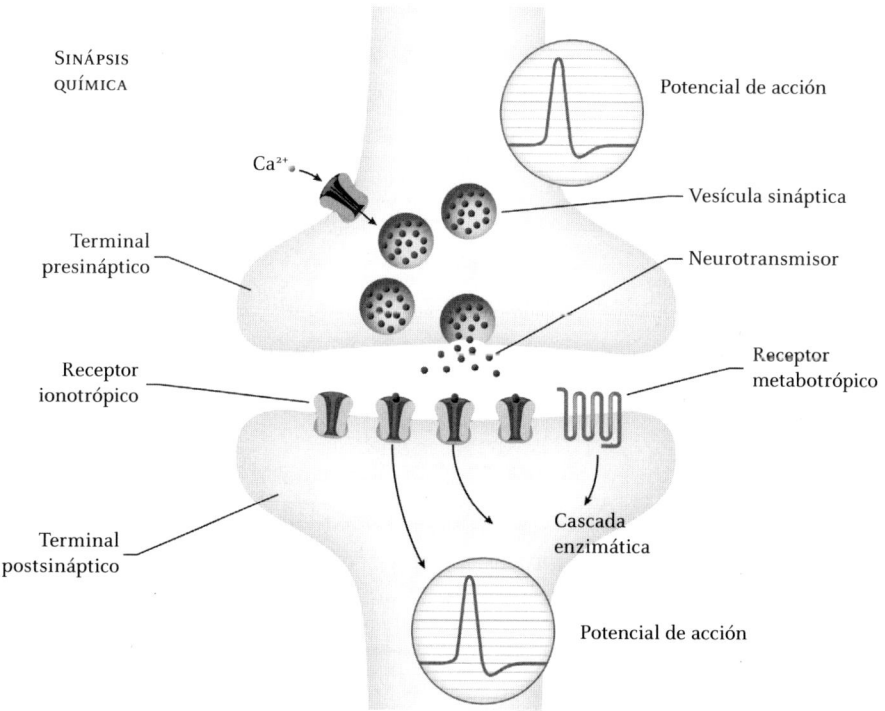

Potencial de acción

Ca^{2+}

Vesícula sináptica

Terminal
presináptico

Neurotransmisor

Receptor
ionotrópico

Receptor
metabotrópico

Terminal
postsináptico

Cascada
enzimática

Potencial de acción

¿Cómo funcionan estas estructuras? Cuando un potencial de acción llega a la terminación nerviosa de la neurona *upstream* (presináptica), la membrana se despolariza y entran iones Na^+ que, pasando a través de los canales a la célula *downstream* (postsináptica), inducen su despolarización y provocan un nuevo potencial de acción. Imaginemos dos contenedores conectados por un tubo delgado: si llenamos el primero de agua, el líquido en cierto punto fluirá al segundo, elevando su nivel. Las sinapsis eléctricas funcionan más o menos de la misma manera.

Las sinapsis químicas son estructuralmente diferentes de las que acabamos de observar (*figura 1D abajo*). Su funcionamiento se basa en la liberación de neurotransmisores por parte de las terminaciones axonales de la célula que envía la señal y, en segundo lugar, en el hecho de que estos mismos neurotransmisores se unen a receptores específicos presentes en la superficie yuxtapuesta de la célula destinataria, que recibe la señal.

En cuanto a la estructura, la sinapsis química está compuesta por un engrosamiento de la terminación axónica conocido como botón presináptico, un espacio de unos 20 nanómetros llamado hendidura sináptica y, finalmente, una zona postsináptica localizada generalmente en las dendritas de la neurona receptora. Morfológicamente, la zona postsináptica está compuesta por una «espina» dendrítica, es decir, una pequeña protuberancia de la membrana dendrítica que puede asumir varias formas: hay espinas gruesas, delgadas, en forma de hongo o ramificadas. Lo que caracteriza a la espina dendrítica, en particular, es la presencia de un complejo de numerosas proteínas que se denomina densidad postsináptica (*post synaptic density* o PSD). Entre otras proteínas, figuran los receptores para los neurotransmisores, además de algunos complejos proteicos que regulan su actividad y localización.

En el botón presináptico hay numerosas vesículas que contienen los neurotransmisores. Cuando el potencial de acción alcanza la terminación axonal, se abren canales dependientes de voltaje destinados al paso del calcio (Ca^{2+}). La entrada de Ca^{2+} favorece la fusión de las vesículas sinápticas con la membrana citoplasmática del botón presináptico, tras lo cual se produce una liberación de los neurotransmisores en la hendidura sináptica, por lo que se dice que la sinapsis «dispara». Los neurotransmisores liberados se difunden rápidamente en la hendidura sináptica, típicamente en milisegundos, se unen a sus receptores en la célula postsináptica y regulan la apertura de canales iónicos de dos maneras posibles. En primer lugar, los receptores pueden ser ionotrópicos: estos tipos de receptores son en sí mismos canales iónicos regulados directamente por los neurotransmisores. Más específicamente, la apertura del canal está determinada por el hecho de que la unión del neurotransmisor provoca un cambio de conformación en las proteínas que constituyen el receptor. Diferente es el caso de los receptores metabotrópicos que, al interactuar con complejos enzimáticos presentes en la densidad postsináptica o PSD, hacen que estos generen segundos mensajeros intracelulares, a su vez capaces de regular los canales iónicos. Muchos descubrimientos importantes sobre los receptores metabotrópicos fueron realizados por Paul Greengard, quien ganó el Premio Nobel de Fisiología o Medicina en 2000, compartiéndolo con Eric Kandel, de quien hablaremos más adelante, y Arvid Carlsson.

Cualquiera que sea el tipo de receptor involucrado, después del «disparo» sináptico se produce, por tanto, un flujo de iones. Este puede despolarizar o hiperpolarizar la membrana de la célula postsináptica, dependiendo de si se trata, respectivamente, de un neurotransmisor excitatorio o de un neurotransmisor inhibitorio; si la despolarización es suficiente, se generará un nuevo potencial de acción.

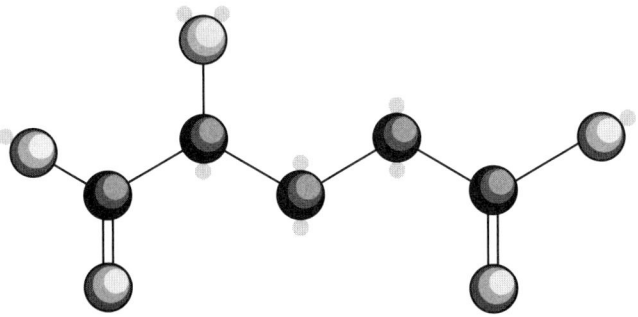

Estructura molecular del glutamato: compuesto por un grupo amino (-NH$_2$), un grupo carboxilo (-COOH) y una cadena lateral que incluye otro grupo carboxilo, fundamental en la neurotransmisión excitadora del sistema nervioso central.

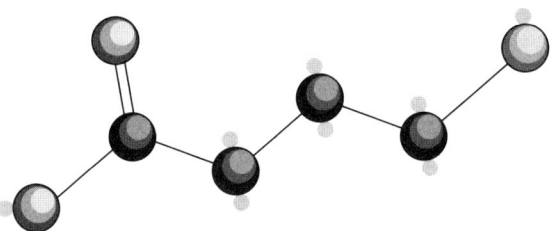

Estructura molecular del GABA (ácido γ-aminobutírico): compuesto por un grupo amino (-NH$_2$) y una cadena de cuatro carbonos con un grupo carboxilo (-COOH) al final, esencial como principal neurotransmisor inhibidor en el sistema nervioso central.

En cuanto a los neurotransmisores, el principal neuro-transmisor excitatorio es el glutamato, que regula el 90 % de las sinapsis en el cerebro, mientras que el más común del tipo inhibitorio es el GABA (ácido γ-aminobutírico), que actúa sobre aproximadamente el 90 % de las sinapsis restantes. Otros neurotransmisores actúan sobre un número mucho menor de sinapsis; sin embargo, su función fisiológica puede ser de gran importancia (piénsese, por ejemplo en las endorfinas, la oxitocina o la orexina, que regulan nuestros comportamientos y estados de ánimo). La cantidad precisa de neurotransmisores sigue siendo indefinida, pero se trata probablemente de un número superior a cien.

Existen diferentes formas en las que la señal generada por un neurotransmisor llega a su fin. Por ejemplo, esto ocurre cuando el propio neurotransmisor se disocia de su receptor y se difunde desde la zona sináptica; o cuando es degradado por enzimas específicas; cuando es reinternalizado por la neurona presináptica o, en algunos casos, cuando es internalizado por células gliales presentes en las proximidades de la sinapsis.

Hagamos un pequeño resumen. Comparando las sinapsis eléctricas con las químicas, observaremos que las primeras son más rápidas en la transmisión de la señal, pero las segundas, precisamente por su complejidad, pueden estar sujetas a varias formas de regulación constituidas, por ejemplo, por la cantidad y la calidad (activadores o inhibidores) de neurotransmisores en la célula presináptica, el tipo y la cantidad de receptores postsinápticos. Todos estos mecanismos y otros más pueden intervenir en la modulación de la conexión entre las neuronas involucradas en un circuito y, por lo tanto, como veremos posteriormente, en la regulación de nuestras memorias.

木漏れ日

Komorebi

4. *Hojas. Cómo nacen los recuerdos*

La lengua japonesa, como es sabido, es conocida por su capacidad para describir lo indescriptible. Un ejemplo de ello es la construcción de la palabra *komorebi*. Para componer este término concurren nada menos que tres vocablos distintos: *ki, more* (de *moreru*) y *hi*. La traducción de la primera palabra es bastante inmediata, ya que *ki* significa simplemente «árbol». Más complejo es el origen del verbo *moreru*, con el que se indica ese «gotear» cuando algo pierde agua o fluidos. Finalmente, el término *hi* se utiliza para denominar al sol y, en sentido amplio, la luz. *Komorebi* se refiere a la luz que, filtrada por las hojas de los árboles, nos perfunde, goteando, como si fuera una lluvia luminosa. Una palabra maravillosa, capaz de describir dos cosas esenciales: la multiplicidad sensorial que experimentamos cada vez que estamos bañados por la luz y el movimiento vectorial que conduce de la pura materia (el sol) a la pura sensación (la percepción de estar inmersos en la luz). Algo tan intangible, como es este fenómeno visual, parece envolvernos con su esencia fluida.

Komorebi se asemeja a la memoria. El recuerdo vuelve con su insistente materia que abraza y escapa, que se fija y se transforma. Nuestros pasos, que parecían llevarnos hasta el lejano Oriente, se pierden en senderos conocidos y nos

Eric R. Kandel [The Nobel Foundation archive].

recogemos en nosotros mismos, concentrándonos para desvelar los mecanismos que animan el mundo del recuerdo.

Activarse a la vez

En el capítulo anterior observamos las neuronas de cerca, en un intento de entender cómo están estructuradas y, sobre todo, cómo se comunican entre sí. Pero, ¿qué hace posible el acto de recordar? En otras palabras, ¿cuáles son las dinámicas que nos permiten evocar, consciente o inconscientemente, algo que aprendimos hace mucho tiempo? Nos adentraremos en estas cuestiones a través de un singular camino, en el que habita un excéntrico ser. Se trata de *Aplysia californica*, una babosa marina gigante que nos acompañará durante nuestro viaje.

En los años setenta, la *Aplysia* fue elegida por el neurólogo Eric Kandel y sus colaboradores como modelo para un estudio sobre la memoria. Kandel se interesaba por los circuitos neuronales implicados en los procesos mnemónicos, y la babosa parecía el animal perfecto para investigar sus misterios. La *Aplysia*, en efecto, dispone de un sistema nervioso compuesto por solo veinte mil neuronas agrupadas en nueve ganglios distintos, dentro de los cuales las células se distribuyen de manera constante y característica. Esta disposición invariable facilita la identificación de neuronas específicas y sus conexiones, permitiendo así reconocer el mismo circuito neuronal en diferentes ejemplares. Las células de este animal son además particularmente grandes, lo que resulta útil cuando —como veremos— los experimentos de Kandel implicaban el uso de electrodos para estimular neuronas específicas. La *Aplysia* no solo presenta ventajas como animal de experimentación, sino que ade-

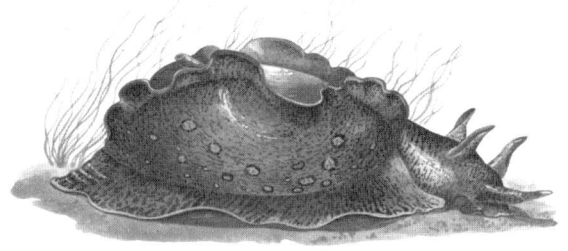

Babosa del género *Aplysia*.

más, debido a la simplicidad de su estructura neuronal, se convierte en un modelo ideal para investigar la memoria implícita. Sin embargo, son necesarios animales de mucha mayor complejidad (como los mamíferos) en el caso de que se quieran considerar las lógicas de la memoria explícita, donde se añade una dificultad representada por el elemento de la consciencia.

En cualquier caso, los estudios realizados por Kandel y su equipo le valieron al neurólogo nada menos que el premio Nobel de medicina en 2000. Pero para entender más precisamente en qué consiste su investigación debemos dar un paso atrás y, como si estuviéramos en una máquina del tiempo, retroceder hasta cien años antes de ese Nobel.

Alemania, principios del siglo xx. El zoólogo alemán Richard Semon acuña el término «engrama» para indicar la huella material dejada en el cerebro por una experiencia personal. Correlato de esto es la «ecforia», palabra que identifica el traer ese engrama a la consciencia —en otras palabras, el recordar, pero en un sentido, por así decirlo, biológico. La intuición de Semon es excelente, pero no tiene idea de cómo ofrecer una descripción a nivel molecular. También por esta razón sus ideas tendrán escaso seguimiento, hasta que no resurjan dentro de un sistema teórico mucho más robusto, propuesto unos cincuenta años después por el neurocientífico canadiense a. Según la teoría hebbiana: «Cuando el axón de una neurona A está suficientemente cerca de una neurona B y la excita de manera reiterada o continua, ocurre alguna forma de cambio metabólico o de crecimiento en una o en ambas células, tal que aumenta la eficiencia con la que la neurona A estimula la neurona B». Dicho de otro modo, Hebb vuelve al concepto de engrama propuesto por Semon según el cual cada experiencia deja tras de sí una huella biológica, e identifica dicha huella con el fortalecimiento de las conexiones entre las neuronas activadas por la misma experiencia. Más específicamente, las neuronas que actúan juntas potencian sus conexiones, como afirma su frase «*Neurons which fire together wire together*». Una hipótesis llena de sentido común: si las conexiones entre estas células nerviosas se refuerzan, se hace más probable que, posteriormente, los circuitos neuronales involucrados se activen simultáneamente, reproduciendo la representación interna del evento en cuestión, es decir, evocándolo.

Es este proceso el que hace que podamos recordar los detalles florales del vestido que llevaba nuestra amiga, o la portada de un libro, o la melodía de una canción que escuchamos en la radio. Pero preguntémonos: ¿esto es todo? ¿Solo esto es un recuerdo, es decir, un puñado de olores, sabores, sonidos e imágenes? No: cuando recordamos una experiencia, también nos recordamos a nosotros mismos y el hecho de que estábamos allí, viviendo, haciendo, actuando. A menudo recordamos también cómo nos sentíamos: tristes, enojados, relajados, eufóricos... El recuerdo de un evento no es un tejido simple, sino compuesto por múltiples elementos tanto sensoriales como relacionados con funciones de autoconciencia y percepción del yo. Lo que hace posible esto es la particular estructura del engrama, el cual está formado por poblaciones de neuronas que se activan simultáneamente. Esta población neuronal está distribuida, las células nerviosas implicadas pueden encontrarse dispersas en distintas regiones interconectadas del cerebro, permitiendo que elementos diversos contribuyan a la formación de un mismo recuerdo. No solo en el hipocampo, esta diversidad refuerza la construcción de una estructura de la memoria más rica y completa.

La babosa gigante

Pero volvamos a nuestra babosa gigante. La intención de Eric Kandel era profundizar en las teorías desarrolladas por Ivan Petróvich Pavlov, premio Nobel de Medicina en 1904, que había sido el primero en estudiar los reflejos condicionados como un ejemplo simple de memoria. Si Pavlov había utilizado perros para sustentar sus teorías (como observaremos en breve), Kandel había preferido la *Aplysia* por los motivos de los que hemos hablado. La babosa marina respira a través de una branquia conectada con un sifón por medio del cual el animal expulsa el agua. Cuando se le toca el sifón, la *Aplysia* reacciona de manera estereotipada, retrayendo la branquia en su cuerpo. Sabiendo esto, Kandel moduló la experimentación de tal manera que pudiera observar tres formas diferentes de memorización: la habituación, la sensibilización y el reflejo condicionado.

Comencemos con la *habituación*. Cualquiera que viva en una gran ciudad ha experimentado la habituación en su propia piel. No es raro, de hecho, que las calles urbanas se llenen de atascos, automovilistas enfurecidos y palabrotas. La contaminación acústica es terrible para quien no está acostumbrado, y, sin embargo, el ruido de las bocinas no parece asustar a las personas al volante (en todo caso, aumenta su ya profunda irritación). A fuerza de escuchar los molestos sonidos de los cláxones, los conductores terminan por no hacerles caso. Esto ocurre porque la repetición de un estímulo que no tiene especiales connotaciones negativas causa una disminución de la respuesta a ese mismo estímulo. Es decir, si estuviéramos recorriendo una calle silenciosa, podríamos asustarnos al oír un repentino sonido de bocina, pero si esa misma calle estuviera llena de ruidos similares, nuestra atención estaría puesta en otra parte. Aplicando esto al caso de *Aplysia*, tocarla repetidamente en el sifón causa una retracción de la branquia cada vez más débil: su respuesta refleja disminuye con el tiempo, ya que el animal se habitúa al tacto. Si la estimulación se interrumpe por un tiempo, la respuesta vuelve a ser la original. Esto significa que la habituación implica un proceso de «aprendizaje» cuyos efectos son poco duraderos, razón por la cual se la considera un modelo de memoria a corto plazo. Por otra parte, es cierto que, intensificando las estimulaciones, *Aplysia* parece habituarse al tacto por períodos más largos. Esto podría constituir una vía para investigar también los mecanismos moleculares de la memoria a largo plazo.

La segunda forma de memorización examinada por Kandel es la *sensibilización*. Estamos sensibilizados cuando reaccionamos de forma exagerada ante estímulos banales porque intervienen para condicionarnos expectativas funestas, generadas por una señal de peligro o de dolor. Imaginemos que estamos solos en casa: estamos ocupados trabajando en la computadora, leyendo, regando las plantas, practicando el sano arte del ocio. De repente, un ruido: «¿qué ha sido?». El gato está a nuestro lado y la radio está apagada. Surge en nosotros una terrible sospecha: «¿y si fuera un ladrón?». Estamos alerta, nuestros sentidos están vigilantes. De repente, ¡tragedia! Oímos de nuevo un sonido agudo y el alma parece salir de nuestro cuerpo. Era solo el

Ivan Pavlov [Bettmann].

teléfono que sonaba, pero, tensos como estamos, su melodía familiar nos ha asustado. Nos reímos de nosotros mismos y nos relajamos un poco; finalmente recorremos rápidamente las habitaciones de la casa, sin encontrar ningún ladrón.

El ruido sospechoso que hemos oído hace poco nos ha sensibilizado respecto a cualquier otro posible estímulo. También para *Aplysia* es así. Si una señal nociva —por ejemplo, una ligera descarga en la cola— precede al toque en el sifón, la respuesta al toque se vuelve más acentuada y la retracción de la branquia más inmediata y repentina. Como en el caso de la habituación, de nuevo este fenómeno tiene una duración limitada en el tiempo, que puede, sin embargo, extenderse intensificando la estimulación inicial.

El tercer y último fenómeno considerado por Kandel es el *reflejo condicionado*, el estudiado por Pavlov. Este ocurre cuando dos estímulos —uno fuertemente nocivo o positivo, que llamaremos condicionante o US (*unconditioned stimulus*, es decir, estímulo no condicionado), y uno neutro, llamado condicionado o CS (*conditioned stimulus*, es decir, estímulo condicionado)— se asocian repetidamente. En la mecánica del proceso, el estímulo condicionante debe seguir poco después al condicionado y la presentación de los dos estímulos debe reiterarse una y otra vez.

El ejemplo típico de reflejo condicionado nos lo da Pavlov. En muchas sesiones de aprendizaje, él llamaba a un perro, le hacía oír el sonido de una campanilla y le infligía, inmediatamente después, una ligera descarga eléctrica en una pata. El experimento, realizado en diferentes ejemplares de perro, obtenía siempre el mismo resultado: después de varias sesiones, el perro retiraba la pata al sonido de la campanilla, incluso en ausencia de la descarga. Se obtiene el mismo resultado aun modificando el estímulo, que de negativo se vuelve positivo: sustituyendo la descarga por una porción de comida, el perro comenzaba a salivar en cuanto oía el sonido de la campanilla. Naturalmente, los dos experimentos se realizaban en perros diferentes, razón por la cual al sonido de la campanilla algunos ejemplares levantaban la pata, mientras que otros comenzaban a manifestar la boca hecha agua.

Por su parte, *Aplysia*, si se somete en diferentes momentos a una leve estimulación del sifón (que coincide con el estímulo condicionado) y luego a una descarga en la cola (es decir, al estímulo condicionante), tenderá a asociar los dos eventos, respondiendo con una retracción de la branquia muy incrementada respecto a una situación en la que no se hayan infligido descargas.

Las investigaciones de Kandel, además de arrojar luz sobre el nexo que une la neurofisiología con la psicología, han conducido a descubrimientos interesantes sobre el mundo neuronal de un animal simple como la *Aplysia*, estudiando el cual se vuelve posible comenzar a entender algo también de los modelos más complejos.

Y entonces, Aplysia...

Hasta ahora hemos contado el aspecto procedimental y operativo de las investigaciones del doctor Kandel y sus colaboradores. Pero, ¿a qué han llevado estos estudios? ¿Para qué sirve, en esencia, intervenir en las reacciones espontáneas de *Aplysia* en los modos que hemos considerado hace poco?

Los investigadores se concentraron en el ganglio abdominal de *Aplysia*, centro de control de la respuesta de retracción de la branquia. También en razón de su simple estructura, compuesta por solo dos mil células, Kandel y los suyos lograron ante todo reconstruir los circuitos neuronales —es decir, fueron capaces, para cada neurona que «disparaba» un potencial de acción, de identificar las otras células nerviosas conectadas a ella, y luego las conectadas a estas últimas, y así sucesivamente—. De este modo se volvía posible afinar un método de identificación de las células nerviosas y sus relaciones.

Pudieron luego verificar la hipótesis de Hebb, según la cual las conexiones neuronales se refuerzan tras la introducción de un estímulo. Pensar en sistemas como el *hardware* y el *software* puede resultarnos útil para comprender lo que entendieron Kandel y su equipo. Podríamos describir el *hardware* como una estructura material que soporta el funcionamiento de un sistema, mientras que identificamos el *software* con lo que va a regular el funcionamiento del *hardware*, informándolo sobre qué determinada función debe realizar. Traducido en términos mnemónicos, los circuitos neuronales constituyen el *hardware* determinado por la información contenida en el ADN durante el desarrollo del animal; la plasticidad sináptica —es decir, la fuerza de las conexiones entre las neuronas, que cambia al variar la actividad celular— representa, en cambio, el *software*, del cual deriva la habilidad de memorizar una información específica y no otra. Pero miremos más de cerca estas dos estructuras: ¿cómo están hechas? ¿Qué se mueve en su interior?

Comencemos por el *hardware*, es decir, por las conexiones neuronales en la *Aplysia* adulta (*figura 2A*), que son la base de los experimentos descritos. Nos dejaremos guiar por los colores de la *figura 2b* [se puede consultar el cuadernillo a color], gracias a los cuales podremos «entrar» en su cerebro.

Las neuronas sensoriales de la cola (indicadas con color blanco) hacen contacto con las interneuronas, es decir, con neuronas que conectan otras neuronas (representadas en rojo). Las interneuronas, a su vez, contactan con las neuronas sensoriales del sifón (en verde) en dos puntos diferentes, las cuales hacen sinapsis con dos elementos: en primer

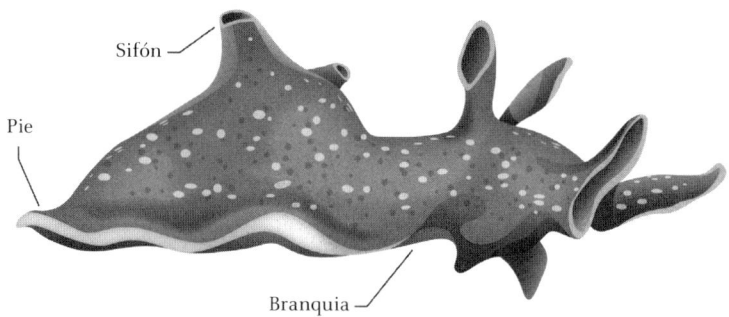

Aplysia californica es una gran babosa marina que puede alcanzar una longitud de aproximadamente 70 cm y un peso de hasta 7 kg. Su sistema nervioso es muy simple y está compuesto por solo 20 000 neuronas grandes agrupadas en nueve ganglios. Los circuitos neuronales son iguales entre individuos diferentes, y el tamaño de las células permite insertar electrodos con facilidad. Por estas razones, ha sido elegida como modelo experimental en el estudio de la formación de recuerdos.

Figura 2B

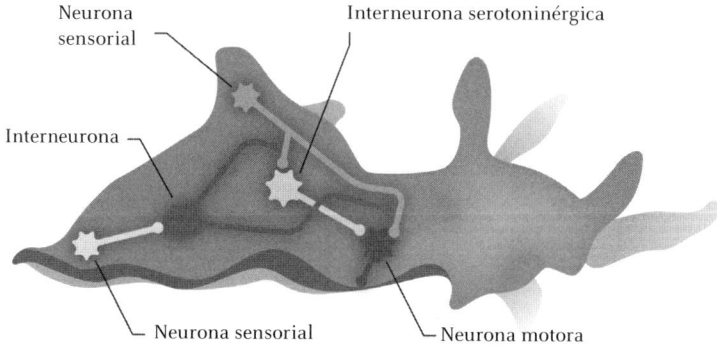

Representación esquemática de los circuitos neuronales que regulan la retroalimentación de la branquia. Los diferentes tonos de gris indican neuronas de tipos distintos.

lugar con otras interneuronas (amarillas) dotadas de neurotransmisores diferentes de las primeras (es decir, de las rojas); en segundo lugar con las neuronas motoras (representadas en azul), que contactan con los músculos que mueven la branquia. Las neuronas motoras (azules) son contactadas directamente también por las neuronas sensoriales del sifón (verdes). Esta cadena de contactos, que hemos descrito sintéticamente, constituye la pura materia subyacente a cada acto mnemónico de nuestro simpático animal.

Al referirnos al *software* —y por ende a la intensidad de los contactos neuronales— nos concentraremos en un ejemplo simple, observando lo que ocurre en el caso de la habituación.

Normalmente, cada vez que el sifón de *Aplysia* sufre un toque, se genera un potencial de acción en las neuronas sensoriales del sifón (verdes). El potencial viaja hasta los terminales sinápticos, donde induce la liberación de un neurotransmisor, el glutamato, el cual se une a los receptores postsinápticos de las motoneuronas (azules), y al hacerlo las activa. Las motoneuronas a su vez transmiten la señal a los músculos de la branquia, liberando el neurotransmisor acetilcolina. Finalmente, los músculos inducen la retracción de la branquia.

¿Cómo explicar entonces la habituación? En síntesis, la habituación a corto plazo se explica por el hecho de que la reiterada liberación de neurotransmisores por parte de las neuronas sensoriales termina por disminuir sensiblemente la cantidad de los mismos neurotransmisores en el terminal presináptico. En consecuencia, en las etapas avanzadas de la sesión de aprendizaje (es decir, después de que el sifón de *Aplysia* ha sido tocado varias veces, lo cual ha causado diversas liberaciones de neurotransmisores) las neuronas sensoriales no disponen de neurotransmisores suficientes para activar las neuronas motoras, de modo que deja de retraer la branquia cuando es tocada nuevamente. Con el tiempo, en ausencia de estimulación del sifón, la célula sensorial reconstruye sus reservas de neurotransmisor; vuelve entonces a liberar una cantidad normal, y en consecuencia la «memoria» de la habituación a corto plazo se pierde. Aunque esta explicación sea intuitiva y concuerde bien con las mediciones de una disminuida liberación de neurotransmisores, no es la única, ya que se acompaña de otras hipótesis avanzadas recientemente. Por ejemplo, se ha propuesto que lo que disminuye no es la cantidad de neurotransmisores liberados al toque, sino la capacidad de las vesículas sinápticas de fusionarse con la membrana celular de la terminación nerviosa, independientemente de cuántas haya en la terminación. Las cosas irían así. Al llegar una estimulación, una cierta cantidad de iones Ca^{2+} entraría en el terminal presináptico. Recordemos que el Ca^{2+} es el mismo agente que facilita la fusión de las vesículas sinápticas con la membrana celular. El Ca^{2+} activaría reacciones enzimáticas en cascada, en razón de las cuales la liberación del neurotransmisor se volvería más compleja.

Podríamos preguntarnos por qué se recurre a un mecanismo complicado donde se podría emplear uno más simple. Este es un tema recurrente en biología, y la respuesta es bastante inmediata: los mecanismos complejos son a menudo preferidos porque son más adecuados para pequeños ajustes y una regulación más fina. Después de todo, la habituación es un mecanismo seleccionado por la evolución para evitar que el animal responda a un estímulo de escasa relevancia, desperdiciando energía sin motivo; pero no debe impedir al animal responder prontamente a un evento dañino. Si al habituarse *Aplysia* al toque se redujera el contenido de neurotransmisores presentes en la terminación sináptica de la neurona sensorial, por un cierto período (es decir, mientras perdura la memoria a corto plazo) la babosa no sería capaz de retraer la branquia no solo en respuesta a un leve toque del sifón, sino también en presencia de un peligro real. Es por ello fundamental que el mecanismo que induce la habituación pueda ser interrumpido en caso de necesidad.

Hemos hablado de habituación, pero sabemos que los estudios de Kandel fueron más allá de este primer fenómeno. Analicemos el segundo caso observado por el neurólogo: el *software* de la sensibilización. Como se ha dicho anteriormente, sensibilizar a *Aplysia* significa infligirle un estímulo negativo, por ejemplo una ligera descarga en la cola, antes de proceder con el habitual toque del sifón, de modo que su respuesta al toque resultará ser bastante acentuada respecto a una situación normal. En el caso de la sensibilización, el mecanismo de acción que induce una memoria a corto plazo es en los detalles diferente respecto al involucrado en la habituación, pero resulta similar a él en la sustancia: tenemos de nuevo que ver con una modulación funcional de la presinapsis. En el caso de la sensibilización se tiene una facilitación de la liberación del neurotransmisor, gracias a la cual la respuesta de la motoneurona se amplifica.

En breve, al producirse la descarga, la neurona sensorial de la cola estimula la interneurona, que secreta serotonina desde los terminales sinápticos y favorece la transmisión de la señal. Aquí la serotonina se une a un receptor metabotrópico que, como habíamos visto, es capaz de regular los canales iónicos por vías indirectas. De aquí se origina una cadena de eventos cuyo ritmo recuerda la melancólica *Alla fiera dell'Est* (*En la Feria del Este*) de Angelo Branduardi: la serotonina activa una enzima (la adenilato ciclasa) que produce un segundo mensajero (llamado CAMP) que activa otras enzimas (las quinasas) que producen modificaciones de proteínas en la membrana sináptica de la neurona sensorial del sifón que libera más eficazmente los neurotransmisores. Esta peculiar secuencia responde bien a la hipótesis de Hebb, que, como hemos dicho, sostiene: «Cuando el axón de una célula A está suficientemente cerca de una neurona B y repetidamente o de manera continua la excita, ocurre alguna forma de cambio metabólico en una o en ambas células, por el cual aumenta la eficiencia con que A estimula B».

Para explicar el establecimiento de una memoria a corto plazo concurren entonces variaciones funcionales de la conectividad sináptica, las cuales se deben a modificaciones postraduccionales. Tales modificaciones de proteínas, sin embargo, son por su naturaleza lábiles y reversibles y, consecuentemente, poco aptas para mediar un cambio duradero.

Deben, por tanto, intervenir mecanismos moleculares diferentes para permitir el establecimiento de memorias a largo plazo, que se pueden estudiar en modelos animales más complejos que nuestra babosa gigante, como aves o mamíferos. Quizás ha llegado el momento de despedirnos de *Aplysia*.

Dolor de cabeza

¿Qué ha pasado? Estábamos con nuestra babosa gigante, y ahora... Nos hemos despertado con un fuerte dolor de cabeza y nos cuesta recordar qué ha sucedido entre el momento en que nos despedimos de ella y el actual. Si no fuera porque, ¡ahí está! Un presentimiento... Un desagradable sabor a vino persiste en nuestra boca y, con una mezcla de vergüenza y reconocimiento, lo comprendemos todo.

Excederse con el alcohol puede llevar a olvidar amplias partes de la experiencia que media entre la copa «de más» y el despertar matutino. Para explicar este fenómeno concurre la idea, respaldada por décadas de estudios en varios modelos animales (en particular el ratón, como se observa

ENTRENAMIENTO

Figura 3A

TEST

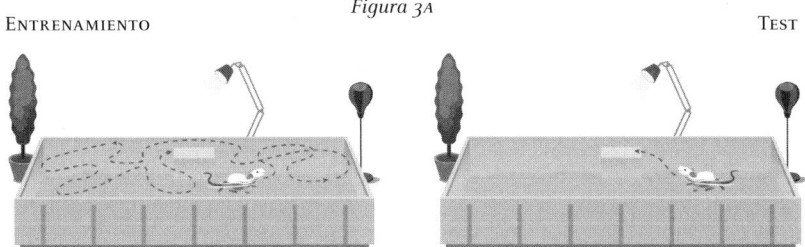

En sesiones repetidas de aprendizaje, el ratón aprende a localizar una plataforma oculta bajo la superficie del agua, orientándose con referencias visuales (árbol, lámpara, saco de boxeo).

ENTRENAMIENTO

Figura 3B

TEST

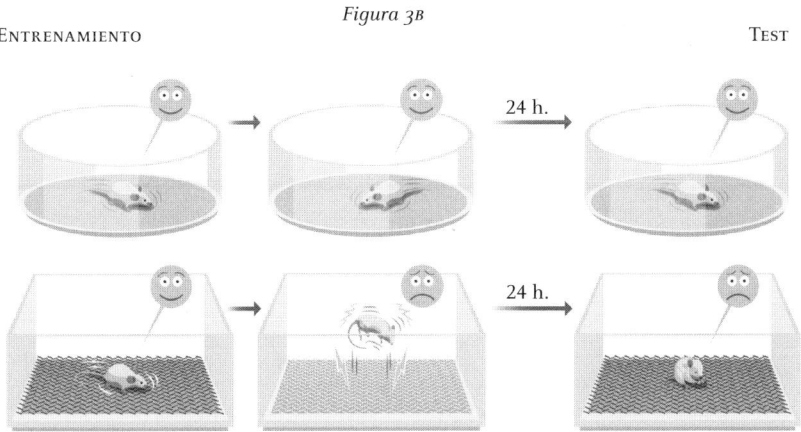

Colocado en una jaula donde no ocurren eventos negativos (jaula cilíndrica), el ratón se mueve libremente. Sin embargo, al ser colocado en una jaula donde ha recibido una descarga eléctrica (jaula de fondo rectangular), el ratón la reconoce, recuerda el evento negativo y se inmoviliza por miedo, incluso en ausencia de descargas.

Figura 3C

ENTRENAMIENTO

TEST

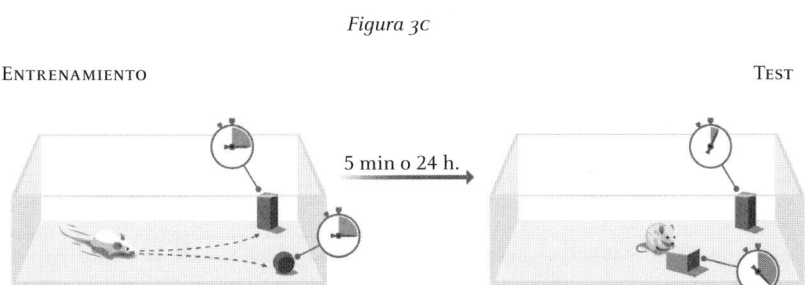

Colocado en una jaula con diferentes objetos desconocidos, el ratón los huele y los examina a cada uno durante un tiempo similar. Sin embargo, al ser colocado en la misma jaula en la que un objeto ha cambiado respecto a la sesión de aprendizaje, el ratón pasa más tiempo examinando el objeto nuevo y menos tiempo con el objeto conocido.

THE JOURNAL OF PHYSIOLOGY, JULY 1973

VOL. 232. No. 2

© THE PHYSIOLOGICAL SOCIETY, 1973

Cambridge University Press, 200 Euston Road, London NW1 2DB
American Branch: 32 East 57th Street, New York, N.Y. 10022

Price £2.50 net (US $8.00 in U.S.A. and Canada)
1973 subscription £48.00 net (US $156.00 in U.S.A. and Canada)

Printed in Great Britain at the University Printing House, Cambridge

Sumario de Journal of Physiology (232,2), donde aparece
el artículo de Tim Bliss y Terie Lømo.

en las *figuras 3A, 3B* y *3C*), según la cual la formación de una memoria a largo plazo requeriría la síntesis de nuevas proteínas y de nuevos ARN mensajeros, es decir, de ese tipo de ácido nucleico que transporta una pequeña porción de información presente en el ADN desde el núcleo de la célula hasta el citoplasma, donde es traducida en proteínas. El fenómeno es conocido con el nombre de plasticidad sináptica duradera (*long lasting synaptic plasticity*), y es de lo que nos ocuparemos en este párrafo.

Vino, cerveza y bebidas espirituosas (pero también drogas, ciertos tipos de fármacos o algunos traumas fuertes) son capaces de interferir con los mecanismos de traducción y transcripción que están en la base del almacenamiento de recuerdos. En otras palabras, los efectos del alcohol obstaculizan el proceso mediante el cual las neuronas sintetizan proteínas a partir de ARN mensajeros, así como las dinámicas mediante las cuales algunas porciones de ADN son copiadas en forma de ARN. Más específicamente, la plasticidad sináptica que interesa al fenómeno considerado se desarrolla en forma de un mecanismo conocido como potenciación a largo plazo (*long term potentiation, LTP*). Los primeros en describir el fenómeno fueron el neurofisiólogo británico Tim Bliss y el noruego Terie Lømo, en aquel tiempo estudiante de psicología, quienes en 1973 escribieron un artículo al respecto para el *Journal of Physiology*. En él contaban sobre un estudio realizado en un ejemplar de conejo, del cual habían analizado el hipocampo, una región cerebral indispensable en la formación de memorias explícitas así como en la conversión de recuerdos breves en recuerdos duraderos. El experimento realizado por Bliss y Lømo consistía en estimular mediante un electrodo una fibra presináptica, para luego medir la despolarización obtenida en las dendritas postsinápticas. Como estaba previsto, era suficiente inducir un solo impulso eléctrico para asistir a la formación de un potencial postsináptico de cierta amplitud. Lo novedoso era el hecho de que, cuando la neurona presináptica había sido estimulada repetidamente a alta frecuencia, el potencial postsináptico resultaba amplificado por un tiempo prolongado, equivalente incluso a varias horas. Por el contrario, una estimulación continua a baja frecuencia inducía una respuesta reducida de la neurona postsináptica: esta casuística es conocida con el nombre de depresión a largo plazo (*long term depression, LDP*), de la cual, sin embargo, no nos ocuparemos en esta ocasión.

Se llama LTP, pero bajo esta única denominación se agrupan diversas formas del mismo fenómeno. Difieren entre sí en cuanto dependen del tipo de neurona, de la edad del sujeto del experimento, del tipo de receptor necesario para inducirlas y del tipo de mecanismo, que puede ser hebbiano (para el cual las células pre y postsinápticas deben «disparar juntas», es decir, activarse simultáneamente), no hebbiano (para el cual basta la activación de una u otra célula) o, incluso, anti hebbiano (en este caso la neurona presináptica debe ser despolarizada mientras que la postsináptica está hiperpolarizada). Nosotros nos ocuparemos de un tipo particular de LTP, de carácter hebbiano: se trata de la LTP NMDA-dependiente, un mecanismo de potenciación a largo plazo que tiene lugar en una región del hipocampo llamada CA1 y depende, en su activación, del receptor del glutamato, NMDA.

La LTP NMDA-dependiente tiene tres características funcionales. En primer lugar, cuando activa una sinapsis, la activación no se propaga a sinapsis cercanas. En segundo lugar, si una estimulación sináptica de baja intensidad ocurre en coincidencia con una estimulación de alta intensidad de una sinapsis cercana a la primera, ambas sinapsis pueden desarrollar LTP. En tercer lugar, la LTP NMDA-dependiente tiene una duración variable, ya que es capaz de aumentar la eficacia de una sinapsis por algunas horas o incluso por varios meses.

El desarrollo de la LTP ocurre en dos fases: una primera fase conocida como E-LTP (*early long term potentiation*) y un segundo momento llamado L LTP (*late long term potentia tion*), cuya distinción se basa esencialmente en un factor de dependencia o autonomía respecto a la síntesis de nuevas proteínas y de nuevos ARN mensajeros.

La E-LTP, de hecho, no requiere síntesis de nuevos ARN mensajeros ni de nuevas proteínas, dependiendo más bien de la entrada de iones calcio Ca^{2+} en la postsinapsis tras la activación del receptor NMDA por parte del transmisor gluta-mato. A su vez, el Ca^{2+} activa enzimas particulares, es decir, dos quinasas calcio dependientes: se trata de la proteína qui-nasa C, es decir PKC, y de la quinasa calcio y calmodulina dependiente, es decir CaMKII. Las quinasas son capaces de realizar la fosforilación, es decir, de añadir un grupo fosfato a aminoácidos específicos en la secuencia de las proteínas. La adición del grupo fosfato modifica la conformación de las proteínas y altera su función, activándolas o inhibiéndolas. Durante la *early long term potentiation*, PKC y CaMKII fosfo-rilan un receptor diferente de NMDA, aunque siempre ligado por el glutamato, que es conocido como receptor AMPA: al hacerlo, aumentan su actividad y eficiencia. Son siempre las mismas quinasas las que favorecen, en un momento poste-rior, la inserción de otros receptores AMPA en la membrana postsináptica. Gracias a este doble paso, por el cual los recep-tores AMPA aumentan en número y en actividad, la postsi-napsis reacciona de manera más intensiva al glutamato y así la conexión sináptica resulta de hecho potenciada.

Resumiendo, la E-LTP está estructurada así:

1. Se activa NMDA, el receptor del glutamato;
2. los iones Ca^{2+} entran en la postsinapsis;

3. se activan las enzimas PKC y CaMKII;
4. aumentan el número y la actividad de los receptores AMPA, otros receptores del glutamato, presentes en la postsinapsis;
5. la conexión sináptica resulta potenciada.

Pero no todo ocurre a nivel postsináptico. Algunas evidencias experimentales parecen sugerir que existe también un componente presináptico de la E-LTP, por el cual uno o más metabolitos generados en la postsinapsis sabrían difundirse en la presinapsis, induciendo en ella un aumento del número de las vesículas sinápticas y de su capacidad de fusionarse con la membrana, mediante la activación de una liberación de glutamato.

Como hemos dicho, lo que diferencia la E-LTP de la L-LTP es la importancia del papel de la síntesis proteica. La L-LTP, de hecho, se desarrolla dentro de una primera fase que requiere la síntesis de nuevas proteínas a partir de ARN mensajeros ya presentes dentro de la célula y dentro de un segundo momento en el que es necesaria también la síntesis de nuevos ARN mensajeros, a partir de los cuales es posible producir nuevas proteínas. En otras palabras, tanto la transcripción como la traducción son necesarias para la L-LTP. El ejemplo del alcohol que hemos propuesto anteriormente es prueba de la centralidad de las proteínas en esta delicada operación: la estructura química de las sustancias alcohólicas o estupefacientes, de hecho, interfiere con el delicado equilibrio proteico que esta fase requiere mantener. Además de esta experiencia familiar para muchos, luego, son diversas las pruebas experimentales que apoyan la tesis de la dependencia de la L-LTP de la síntesis proteica y, a continuación, también de la síntesis de nuevos ARN.

Dicho esto, ¿qué determina el paso de la primera fase de E-LTP a este segundo proceso, más complejo y delicado? Lo que hace posible tal conversión son las quinasas PKC y

CaMKII, que hemos encontrado hace poco. PKC y CaMKII fosforilan y activan una ulterior quinasa llamada ERK, la cual contribuye a potenciar la actividad de un factor de transcripción conocido como CREB. Ahora, CREB es un personaje fundamental en el conjunto de eventos que permiten la síntesis proteica y verdadero protagonista de toda esta mecánica. Entre otras cosas, de hecho, la activación de CREB lleva a la transcripción del ARN mensajero de nueva quinasa llamada PKMζ, contribuyendo a activar su síntesis. La PKMζ juega un papel importante en el mantenimiento de la L-LTP: como se ha podido observar en experimentos realizados in vitro, es decir, fuera del organismo viviente, la inhibición farmacológica de la quinasa inhibe la L-LTP. Aún más interesante es el hecho de que el mismo efecto se tiene sobre la memoria a largo plazo *in vivo* sin que haya consecuencias sobre la memoria a corto plazo, como ha emergido de diversos experimentos realizados en ratones. No ratones normales sino, más bien, ratones transgénicos, de los cuales el gen codificante para PKMζ ha sido removido con técnicas de ingeniería genética. A pesar de la remoción, han continuado exhibiendo formas de aprendizaje a largo plazo en aparente contradicción con los resultados obtenidos a través de la inhibición de PKMζ con el tratamiento farmacológico. En esencia, el jurado aún está deliberando para establecer la implicación de PKMζ en la consolidación de la memoria a largo plazo.

Queda por aclarar un aspecto importante relativo a la formación y al mantenimiento de la L-LTP. Debemos preguntarnos qué elementos hacen que los procesos de transcripción y traducción —que se piensa ocurren en el núcleo y en el citoplasma celular— sepan regular una sola sinapsis y no todas las demás de la misma célula.

En lo que respecta a la traducción (es decir, recordémoslo, la síntesis de nuevas proteínas), se ha dado un paso adelante demostrando que en las dendritas están presentes los ribosomas, es decir, el principal aparato molecular responsable de la síntesis proteica. Queda, sin embargo, por definir qué otro mecanismo molecular puede explicar el desarrollo de la misma síntesis dentro de las espinas dendríticas involucradas en la L-LTP. La hipótesis más en boga es la de la etiqueta sináptica o *synaptic tag*, según la cual durante el desarrollo de la E-LTP se crea una señal a nivel de la espina postsináptica, capaz de promover la síntesis proteica a partir de algunos ARN mensajeros —tanto los ya presentes en las dendritas, como los luego transcritos en el curso de la L-LTP—. La naturaleza de este *tag* no es actualmente definible de manera precisa: diversos son los mecanismos que podría comprender, como por ejemplo la captura física en la espina dendrítica de proteínas y ARN importantes para la LTP, o la activación de factores de traducción presentes en la espina dendrítica en forma inactiva, que podrían ser activados por modificaciones post-traduccionales por parte de enzimas a su vez activadas en el curso de la primera fase de la potenciación, la E-LTP. El camino de la teoría de la etiqueta sináptica es aún largo, pero esta sigue siendo la mejor hipótesis avanzada hasta ahora para explicar la especificidad sináptica de la LTP. Numerosas son luego las preguntas, más en general, que conciernen a la relación de la LTP con la memoria a largo plazo: si este mecanismo puede de hecho explicar en profundidad la memoria a largo plazo de la duración de horas y días, lo que se sabe respecto a él no basta para justificar formas más longevas de memoria cuya implementación requiere, como veremos, mecanismos epigenéticos.

5. *Viento. Memorias que resisten*

¿En qué pensaban los peregrinos medievales cuando, por la noche, descansaban? Probados por la fatiga, vencidos por el cansancio, quién sabe si no se dejaban arrullar por el silencio de los monasterios para deslizarse en un sueño sin sueños; y, sin embargo, habrá habido alguno de ellos que, incapaz de dormirse, se encontrara reflexionando sobre lo que sus ojos habían absorbido durante el día, recorriendo de nuevo los largos pasos que lo acercaban a su destino.

El viaje exige manipular el tiempo, cubriendo grandes distancias bajo el sol en su cénit y moderando la marcha cuando las estrellas emergen en la oscuridad celeste. Entonces detengámonos, tomemos un respiro y preguntémonos: ¿qué han visto hasta ahora nuestros ojos? Nos hemos aventurado por las corrientes marinas, divisando los archipiélagos de la memoria y estudiando viejos mapas amarillentos: no ha sido poco nuestro asombro al descubrir la inteligencia natural al mando de todo lo que nos rodeaba. Luego, atraídos por el mar, como si de él brotaran cantos de sirena, nos hemos sumergido en sus aguas azules y hemos encontrado en ellas la materia fluida y penetrante que todo lo envuelve. Con ella, hemos dejado que el sol acariciara nuestra piel, y su luz nos ha parecido líquida mientras respirábamos los vientos del Este. Nuestra mirada ha abrazado tierras lejanas, curiosa por desentrañar los secretos del cerebro y de nosotros mismos.

Advertimos un escalofrío de cansancio avanzar lentamente hacia nuestros párpados y, mientras el agotamiento se impone, nos encontramos preguntándonos a nosotros mismos en qué punto estamos de nuestra peregrinación. Cuando he aquí que la mirada cae sobre una pequeña ventana excavada en el muro de nuestra habitación, marco perfecto del paisaje más romántico: más allá de ella vemos un lago, en cuyas aguas quietas se refleja el pálido espectro de la luna. Es lo que en Turquía llaman *gümüşservi*: el encuentro de la luna y el agua que se traduce en una materia imperfecta e híbrida, en el reflejo efímero de un cuerpo sólido y lejano. Nuevamente volvemos a esa sensación de algo que nos envuelve sin dejarse atrapar, y repensamos en lo que hemos encontrado: primero pequeñísimas piezas de materia que hablan entre sí, revelándonos los misterios de la comunicación; luego instantes que componen el maravilloso nacimiento de nuestros recuerdos. ¿Y ahora? ¿Hacia dónde dirigiremos nuestros pasos?

Entre el momento en que un recuerdo viene al mundo y aquel en que lo abandona, si es que lo abandona, existe una región rica en cualidades por descubrir. Queremos saber cómo vive un recuerdo y, sobre todo, cómo sobrevive a la caducidad de la materia. *Gümüşservi* nos hace pensar en esto: en cómo hace la luna para resistir incluso cuando su reflejo se va, barrido por las aguas movidas por el viento.

Permanecer con vida

«La memoria humana puede durar años o décadas, mientras que se cree que las moléculas de nuestro cuerpo, excepto el ADN, se reemplazan en cuestión de días, semanas o meses. ¿Cómo puede la memoria conservarse en el cerebro con un mecanismo que sea independiente de la renovación molecular?». Como veíamos, así se expresaba Francis Crick a propósito de la resistencia de la memoria, donde su creación depende de la interacción de moléculas que, paradójicamente, ella logra superar con su permanencia.

En el capítulo anterior hemos indagado los mecanismos en la base de la potenciación de un circuito neuronal específico: en el caso de la LTP, la conexión entre las neuronas que participan en un mismo circuito necesita la síntesis de nuevas proteínas, las cuales contribuyen a la remodelación de las uniones sinápticas. Pero, ¿cómo pueden unas proteínas que tienen una vida media de pocos días soportar el aumento de conectividad neuronal durante meses, o incluso años? Dada la plasticidad de las sinapsis, además, parece improbable que la remodelación consecuente a la LTP sea duradera. En otras palabras, ¿cómo hacen los recuerdos para sobrevivir mientras la materia de la que están hechos parecería deshacerse?

Volvamos por un momento a Crick: «El consenso actual es que la memoria está almacenada en la fuerza de las sinapsis: se podría entonces pensar que en cada neurona hay un trozo de ADN específico para cada sinapsis, posiblemente generado con un mecanismo similar al utilizado por las células del sistema inmunitario. Esta hipótesis parece improbable. Alternativamente, es posible que haya una región del ADN (o tal vez un ARN) que codifica para cada espina sináptica y que esta sea modificada cuando es necesario alterar

Francis Crick en 1979 [Salk Institute for Biological Studies].

la fuerza de esa sinapsis. También esta hipótesis no parece muy plausible». Veremos dentro de poco que las intuiciones de Crick no estaban demasiado lejos de la verdad.

Otro hecho a considerar es que existen casos en los que aquellos cambios estructurales y funcionales de las sinapsis que están en la base de la LTP pueden perderse y luego regenerarse, garantizando el mantenimiento del engrama y, por lo tanto, del evento memorizado. Esto implica que la información necesaria para potenciar el circuito en cuestión debe estar almacenada de alguna manera en las neuronas, pero no en las sinapsis, ya que, una vez perdidos, los cambios funcionales y estructurales no podrían regenerarse por sí solos. Para hacer una analogía, si las instrucciones para componer un automóvil de piezas de Lego estuvieran escritas en el lateral del modelo, una vez desmontado el modelo no sabríamos cómo rearmarlo.

No es raro, en la naturaleza, encontrar casos que ven una pérdida temporal de la memoria y su posterior renacimiento.

Las mariposas y las polillas, por ejemplo, cuando se transforman de orugas en animales maduros experimentan una extensa reorganización de su propio sistema nervioso, que incluye una sustancial neurogénesis y una redefinición significativa de las conexiones neuronales (el *hardware* del capítulo anterior). A pesar de la extensa reorganización neuronal, los ejemplares que aprendieron a evitar ciertos olores en su etapa de oruga conservan esta memoria después de la metamorfosis.

Otro ejemplo es el caso de la planaria, un pequeño gusano que tiene una capacidad regenerativa excepcional, atribuible en parte a una particular subpoblación de células madre. Una planaria seccionada en dos partes es capaz de regenerarse con gran eficacia: tanto la porción anterior, que contiene los ganglios nerviosos (equivalentes al cerebro), como la porción posterior, donde se encuentra una cadena

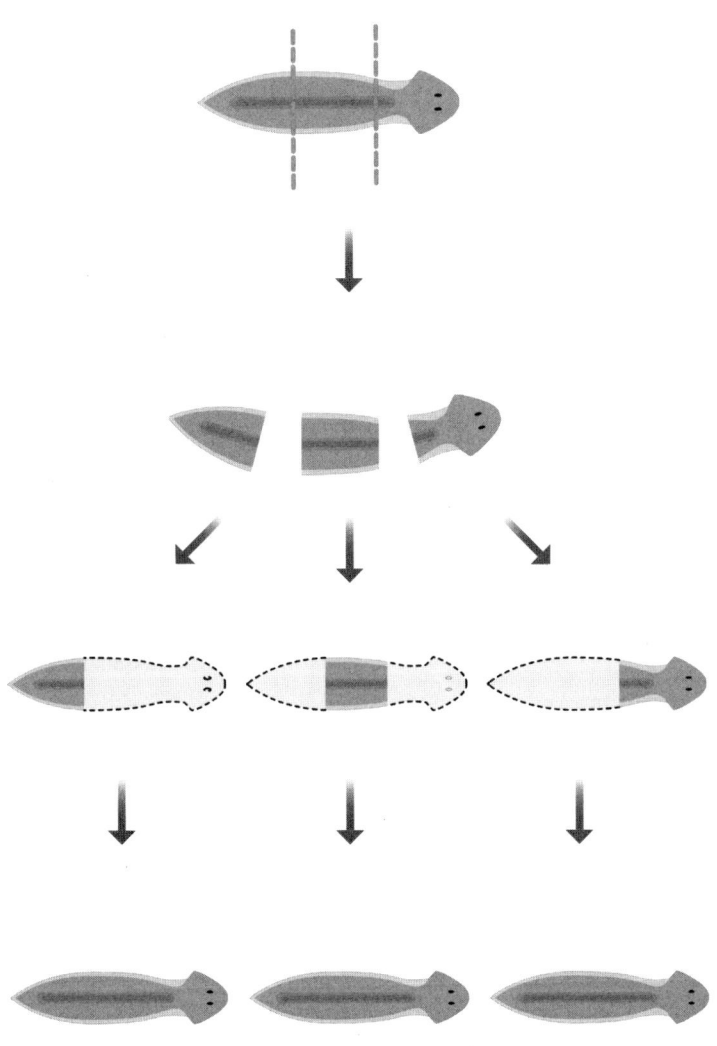

Esquema de regeneración de una planaria [Gray Jay].

de ganglios abdominales, son capaces de reconstruir el animal completo. Y no solo a nivel somático, sino también mnemónico: las planarias sometidas a un protocolo de condicionamiento y luego seccionadas producen animales regenerados que mantienen, desde el punto de vista conductual, la memoria del condicionamiento aprendido. De acuerdo con esta capacidad, ejemplares regenerados después de la disección mantienen las trazas electrofisiológicas de la LTP, demostrando así que las nuevas células neuronales producidas han sido capaces de replicar los cambios moleculares necesarios para la potenciación en un circuito específico.

Estos ejemplos podrían parecer poco relevantes en lo que respecta a nuestra memoria, ya que se adhieren a especies animales bastante peculiares. Sin embargo, existen otros estudios que tienen que ver con animales más cercanos a nosotros. El primero se ha centrado en pequeños mamíferos, como ardillas, hámsteres y marmotas, que pasan el invierno en estado de hibernación. Durante esta fase se observa una importante retracción de las dendritas de algunas poblaciones neuronales en el hipocampo y de la densidad de sus espinas sinápticas. Sin embargo, pocas horas después del despertar de la hibernación, estos cambios estructurales se revierten y las conexiones neuronales vuelven a su morfología anterior. Desde el punto de vista funcional, se produce una recuperación parcial (según algunos investigadores) o total (según otros) de la memoria.

Los experimentos más convincentes en apoyo de la existencia de mecanismos moleculares para la conservación de las memorias presentes dentro de las neuronas, pero fuera de las sinapsis se han realizado utilizando ratones modificados con oportunas técnicas de ingeniería genética, los TRAP (acrónimo que significa «*target recombination in active populations*», es decir, «recombinación génica limitada a las poblaciones activas»). Las metodologías utilizadas para pro-

ducir estos animales transgénicos se describirán detallada-
mente en el próximo capítulo, donde se contará también la
relevante contribución que han dado al estudio de los procesos mnemónicos. Por ahora, conformémonos con saber
que en estos ratones es posible identificar las neuronas excitadas durante un proceso de aprendizaje (en otras palabras,
las neuronas del engrama) y luego activarlas o inhibirlas a
voluntad y selectivamente a través de un estímulo artificial.

En resumen, el experimento preveía someter a un ratón
TRAP a un típico condicionamiento pavloviano, por el cual
un estímulo neutro se asociaba a un estímulo negativo (la
habitual leve descarga en la cola). Después del condicionamiento se inyectaba una solución que contenía un inhibidor de la síntesis proteica. Dado que, como ya sabemos
bien, la LTP requiere síntesis proteica, los ratones no mos-
traban miedo cuando se exponían al estímulo neutro. Sin
embargo, dado que en estos ratones era posible identificar
las neuronas involucradas en el aprendizaje, se podía inducir experimentalmente la respuesta conductual, es decir,
hacerles sentir miedo incluso en respuesta al estímulo neutro, interviniendo específicamente en las neuronas del
engrama. En otras palabras, aunque no habían sufrido la
remodelación morfológica asociada con la L-LTP debido a la
inhibición de la síntesis proteica, los ratones TRAP habían
almacenado de alguna manera la información para instau-
rarla posteriormente.

Epigenética: cambiar todo
para que nada cambie

No hace mucho, insinuando un misterio por resolver, señalamos que Francis Crick se había acercado a la respuesta correcta en cuanto a las razones de la supervivencia de los recuerdos a la materia que perece. Recordemos sus palabras: «Alternativamente, es posible que haya una región del ADN (o tal vez un ARN) que codifica para cada espina sináptica y que esta sea modificada cuando es necesario alterar la fuerza de esa sinapsis». Existen y están bien descritos mecanismos moleculares a través de los cuales las células del animal pueden almacenar por largos períodos información que ha sido adquirida durante la diferenciación (del embrión al adulto). Los mecanismos en cuestión se denominan epigenéticos: regulan la expresión génica sin alterar la secuencia del ADN. Según la hipótesis epigenética de la memoria, estos mismos mecanismos moleculares pueden permitir a las neuronas que forman parte de un engrama recordar qué proteínas específicas habían sintetizado durante la LTP y de qué manera habían modificado las sinapsis. En otras palabras, permitirían reformar las conexiones reforzadas entre las neuronas que encarnan una memoria.

Quien ofreció una primera definición de la epigenética fue Conrad Waddington, un biólogo británico que la describió como la rama de la biología que estudia el conjunto de cambios celulares hereditarios independientes de mutaciones en la secuencia del ADN. Era 1942 y desde entonces la concepción de la epigenética ha sufrido algunas modificaciones, empezando por el requisito de la heredabilidad impuesto por Waddington: actualmente, de hecho, se habla de modificaciones epigenéticas incluso en el caso de célu-

Conrad Hal Waddington [Edinburgh University
Library Centre for Research Collections].

las que no se dividen, como las musculares o las nerviosas. Más generalmente, la palabra «epigenética» hoy remite a un cambio duradero capaz de modificar la expresión génica de un organismo sin que esto altere su secuencia genómica. Todas las células de nuestro cuerpo, con pocas excepciones, comparten el mismo patrimonio génico, es decir, la misma secuencia de ADN, pero cada tipo celular expresa su repertorio específico de proteínas: las células nerviosas nunca producirán hemoglobina, así como las células contenidas en el ojo no expresarán las enzimas digestivas características del estómago. Y a propósito del estómago, veámoslo así: si la secuencia del ADN es el libro de cocina definitivo, que contiene todas las recetas del mundo, las modificaciones epigenéticas representan los marcadores que permiten a cada tipo celular preparar el menú más apropiado para su función. Estos marcadores se adquieren en el curso de la diferenciación del individuo, es decir, del crecimiento que conduce de una sola célula fecundada a la formación de un embrión y, finalmente, a un animal completo. Además, muchos de estos marcadores se diferencian entre sí, y al mirarlos todos juntos se notan tantas divergencias y algunas afinidades. Los mecanismos epigenéticos, de hecho, son de varios tipos. Examinemos los tres principales.

En primer lugar, pueden coincidir con modificaciones covalentes de bases específicas o secuencias cortas localizadas en la doble hélice del ADN. Modificaciones de este tipo pueden consistir, por ejemplo, en la adición (metilación) o en la eliminación (demetilación) de un grupo metilo en bases específicas del ADN y son producidas por enzimas específicas con un nombre particular, conocidas como enzimas escritoras (*writers*). Estas, de hecho, «escriben» las modificaciones del ADN y las destinan a unas proteínas lectoras (*readers*), llamadas a favorecer o impedir la transcripción de esa porción de ADN contenida en los grupos metilo, es decir, a permitir o reprimir la expresión de ese gen. La metilación de una región del ADN, generalmente, hace que la secuencia no se exprese y, por lo tanto, identifica cuáles son las proteínas que ese tipo celular no debe sintetizar. Volviendo al ejemplo anterior, en una célula nerviosa están metiladas las secuencias del ADN que codifican para las proteínas específicas del estómago, del hígado, del riñón, de los linfocitos... Habitualmente, la metilación del ADN reprime la transcripción, de modo que los genes de las enzimas específicas del estómago estarán metilados en las células del ojo.

Un segundo tipo de mecanismos epigenéticos es el que permite que una porción del ADN sea accesible a la maquinaria molecular que la transcribirá en ARN. Para describir estos mecanismos es necesario saber cómo está organizado el ADN (que en el ser humano tiene más de un metro de longitud) dentro del núcleo celular (que tiene un diámetro de algunas millonésimas de metro). El ADN está compactado como si fuera un hilo de lana en un ovillo (*figura 4*). En primer lugar, encontramos la doble hélice del ADN enrollada alrededor de una estructura proteica, compuesta por diversas proteínas llamadas histonas. En un solo complejo de histonas se enrollan ciento cuarenta y siete bases del ADN, formando la unidad fundamental de la cromatina, el nucleosoma. Los niveles de compactación sucesivos dependen de las interacciones entre los nucleosomas, y la consecuencia de tal «condensación» es que las regiones del ADN se vuelven más o menos accesibles a los factores de transcripción. Esto significa que la forma en que el ADN está empaquetado —es decir, la forma en que se estructura en tres dimensiones— regula su transcripción, es decir, la expresión génica. Las interacciones entre las histonas y el ADN están moduladas por diversas modificaciones post-traduccionales de las histonas, que, por lo tanto, constituyen un importante mecanismo epigenético.

Por último, pero no menos importante, hay un tipo de mecanismo epigenético dependiente de la expresión de ARN que no codifican para proteínas. ¿Qué se entiende por esto? Pues bien, además de los ARN mensajeros, la célula contiene varios tipos de ARN no codificantes: se habla de *non coding* RNA o, más brevemente, ncRNA. Los ncRNA cumplen diversas funciones dentro de la célula, y en particular regulan la producción de proteínas uniéndose a ARN mensajeros y promoviendo su degradación, o inhibiendo la síntesis de la proteína codificada por esos mensajeros.

Figura 4

Estructura de un nucleosoma individual

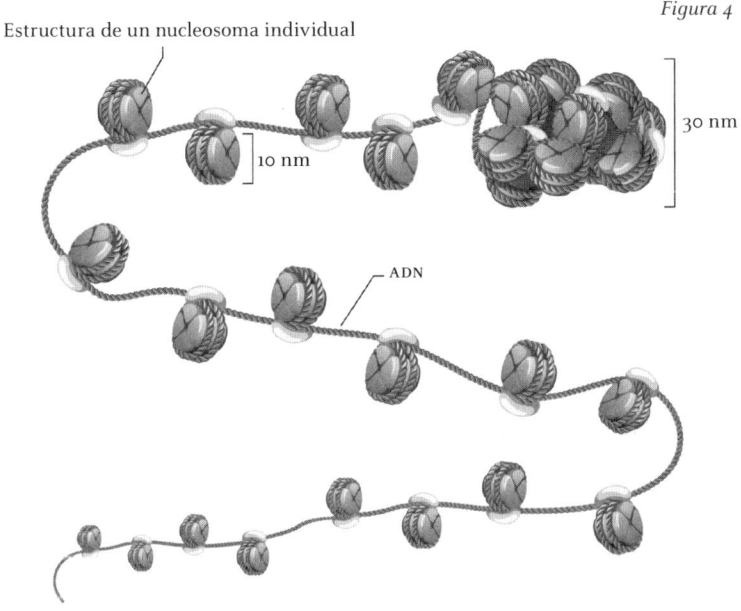

10 nm

30 nm

ADN

Compactación del ADN dentro del núcleo celular. La doble hélice de ADN, representada como un hilo, está enrollada sobre un complejo proteico formado por ocho proteínas llamadas histonas. La interacción entre el ADN y las histonas depende del hecho de que, mientras el ADN tiene una carga negativa, las histonas están cargadas positivamente. Esta estructura, por su forma, se denomina«hilo de collar de perlas», y cada «perla», llamada nucleosoma, tiene un tamaño de aproximadamente 10 nm, es decir, 10 mil millonésimas de metro. 147 pares de bases del ADN se enrollan alrededor del complejo de las ocho histonas, y entre un nucleosoma y otro existe una secuencia de ADN no enrollado que mide entre 20 y 80 bases. Las «perlas» pueden luego interactuar entre sí, formando estructuras más complejas llamadas fibras de 30 nm. La posterior compactación permite que el ADN humano, que tiene una longitud total de casi dos metros, esté contenido dentro del núcleo celular, cuyo diámetro es de solo unos pocos millonésimas de metro.

Epigenética de la memoria a largo plazo

¿Cómo se aplica lo que hemos observado hasta ahora a nuestro campo de investigación, es decir, en la memoria? Una extensa serie de experimentos ha demostrado que interferir con mecanismos epigenéticos en el animal inhibe la l-ltp y, más generalmente, la formación de memorias a largo plazo. Conceptualmente, el enfoque es el mismo que cuando se utilizaron inhibidores de la síntesis proteica para mostrar que la formación de la memoria a largo plazo requiere la síntesis de proteínas. En el presente caso, en cambio, se han empleado tanto inhibidores farmacológicos de las diversas enzimas que regulan las modificaciones epigenéticas, como técnicas de ingeniería genética para inhibir (o aumentar) la expresión de estas mismas enzimas. El uso de dos enfoques diferentes, a partir de los cuales se han obtenido resultados similares, refuerza las conclusiones de los estudios experimentales. En esencia, los inhibidores de la metilación del adn, administrados en una ventana de tiempo oportuna posterior al procedimiento de memorización, intervienen en la formación de la memoria a largo plazo, obstaculizándola; lo mismo vale para los inhibidores de las enzimas que modifican las histonas y que, al hacerlo, alteran su interacción con el adn. Finalmente, se han obtenido efectos análogos interfiriendo con los arn no codificantes.

Entre los ncrna que regulan la expresión génica, los mejor caracterizados son probablemente los micro-arn (miarn). Se trata de pequeños arn, de aproximadamente veintidós bases de longitud, que se asocian a arn mensajeros que tienen una secuencia complementaria, llevando a cabo el mismo proceso mediante el cual se acoplan las dos hélices del adn. Dado que el acoplamiento de los mirna con sus arn mensajeros no requiere un apareamiento perfecto de todas las veintidós bases, sino que es suficiente un número limitado, un solo miRNA puede actuar sobre varios ARN mensajeros. Para entenderlo mejor, encontrar más de un mRNA que tenga la misma secuencia de veintidós bases del miRNA es mucho más difícil que adivinar dos veces una secuencia de la lotería SuperEnalotto de veintidós cifras (¡ya es difícil adivinar la de seis!). Si en lugar de veintidós se tratara de siete u ocho cifras, y si no importaran eventuales pequeñas diferencias, entonces adivinar más de una vez se convertiría en una posibilidad concreta. Lo mismo vale para la relación entre miRNA y mRNA.

Lo interesante es que, cuando un miRNA regula diferentes ARN mensajeros, a menudo es porque estos últimos codifican para proteínas que colaboran en la misma función (o en la misma vía). En otras palabras, un mismo micro-ARN podría regular los dos mensajeros que codifican para la síntesis de dos subunidades de un dímero importante en el funcionamiento de la sinapsis y luego, quizás, también de un receptor de neurotransmisores que regula un canal presente en la sinapsis, o de una quinasa que regula su apertura... El hecho de que un solo miRNA controle varios puntos nodales de una vía subraya la importancia del mismo en esa vía.

Concedámonos un momento para resumir lo expuesto hasta ahora. Aunque los mecanismos epigenéticos son de varios tipos, todos ellos apuntan a hacer que la célula sintetice aquellas proteínas que le son necesarias para llevar a cabo su tarea, es decir, le proporcionan las herramientas del oficio. En el proceso de memorización son los mismos mecanismos los que «recuerdan» a las neuronas sintetizar las proteínas sinápticas y enviarlas a sinapsis específicas para mantener los contactos facilitados con las neuronas del engrama.

Para confirmar la importancia de los mecanismos epigenéticos en la formación de la memoria se añaden diversas observaciones obtenidas experimentalmente, según las cuales en presencia de muchas enfermedades mentales caracterizadas por trastornos de la memoria (enfermedad de Alzheimer en primer lugar) los mecanismos epigenéticos resultan alterados. Este hecho tiene una implicación práctica importante, ya que sugiere que con los fármacos adecuados para regular tales mecanismos podrían proporcionar un tratamiento para estas enfermedades devastadoras, incluso hasta —¿por qué no?— contribuir a contrarrestar la pérdida fisiológica de la memoria que a menudo caracteriza el envejecimiento normal.

Experimentos como los descritos hasta ahora, aunque fuertemente indicativos de un papel desempeñado por los mecanismos epigenéticos en la memoria a largo plazo, no están completamente inmunes a críticas. La principal objeción argumenta que la acción de los inhibidores farmacológicos empleados en los estudios no estaría limitada a las células del engrama, y que las alteraciones epigenéticas de células que no forman parte del engrama influirían indirectamente en la formación de los recuerdos.

En el próximo capítulo hablaremos de cómo el empleo del ratón TRAP, el ratón modificado con técnicas de ingeniería genética que hemos encontrado anteriormente, puede resultar útil para demostrar que las modificaciones epigenéticas de las células del engrama son necesarias —pero quizás no suficientes— para la formación de las memorias a largo plazo.

Ahora, sin embargo, nos concentraremos en otro protagonista: la célula glial, que desempeña funciones de apoyo a la actividad sináptica. Una de las primeras demostraciones del hecho de que las células gliales (también llamadas astrocitos debido a su forma similar a una estrella) pueden contribuir a la formación de la memoria a largo plazo se remonta a 2016.

El experimento, realizado con ratones, tenía como objetivo catalogar los genes modulados en el curso de un proceso de memorización posterior a modificaciones epigenéticas específicas. En un primer momento, se sometía a algunos ratones a entrenamientos específicos y se dejaba libres a otros, para luego explantar de los cerebros de algunos ejemplares de ambos grupos piezas coincidentes con regiones cerebrales específicas involucradas en la memorización. En este punto se volvía posible separar los núcleos de las células neuronales de las gliales, evaluando su diferente reactividad a algunos anticuerpos: los ADN de las dos poblaciones celulares eran así fragmentados y sometidos a un procedimiento conocido como inmunoprecipitación de la cromatina, que permite enriquecer aquellos fragmentos de ADN que presentan ciertas modificaciones epigenéticas o que están asociados con histonas modificadas. Así purificados, los fragmentos eran secuenciados y se procedía con la identificación de los genes correspondientes: comparando los genes con los de los ratones no entrenados, se volvía posible identificar qué genes experimentaban modificaciones epigenéticas en el curso del proceso de memorización, tanto en las células neuronales como en las gliales.

Este procedimiento, que hemos tratado de resumir, ha proporcionado una importante contribución al estudio de las modificaciones epigenéticas en las neuronas y en el proceso de memorización. En cuanto al papel desempeñado por los astrocitos, los investigadores han concluido que «es improbable que modificaciones epigenéticas en células no neuronales representen un correlato celular de la memoria». Sin embargo, sigue siendo cierto que las células gliales pueden contribuir a moldear el engrama y a garantizar su mantenimiento, desempeñando el papel de consolidadoras. Son diversos los modos en que esto ocurre. Por ejemplo, los astrocitos modulan la fuerza de las conexiones entre

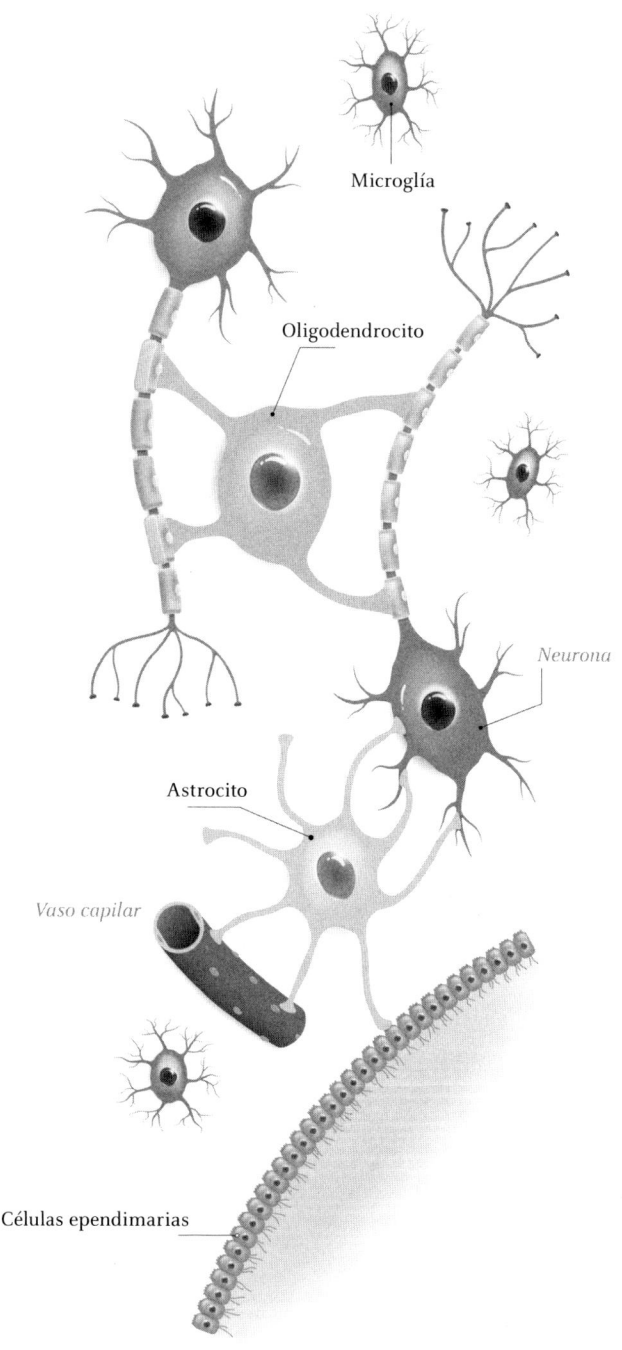

Microglía

Oligodendrocito

Neurona

Astrocito

Vaso capilar

Células ependimarias

Células gliales.

neuronas, regulando la composición del microambiente que rodea las sinapsis mediante una intervención sobre los iones K^+ y los neurotransmisores: esto hace que contribuyan a la formación de la memoria a corto plazo. Pero no solo eso. Recordemos que la formación de la L-LTP depende de procesos como la transcripción, la síntesis proteica y las modificaciones post-traduccionales: todo esto requiere cantidades importantes de energía metabólica. Las células gliales contribuyen a proporcionarla, ya que secretan lactato, un producto de la degradación del glucógeno que las neuronas necesitan. Un dato interesante es que si se interfiere con el transporte de lactato de los astrocitos a las neuronas se pueden observar déficits en la memoria a largo plazo, sin que la de corto plazo resulte alterada.

Diversos descubrimientos subrayan el papel fundamental de las células gliales. Estas son capaces de secretar factores que promueven la proliferación de células madre neuronales en el hipocampo, así como su diferenciación en neuronas y su integración funcional en circuitos nerviosos preexistentes. Se trata, como es natural, de procesos esenciales para el aprendizaje de una información y su memorización, tanto es así que resultan ser defectuosos en sujetos afectados por enfermedades neurodegenerativas como la enfermedad de Alzheimer. Estudios recientes, finalmente, atribuyen particular importancia a un grupo de células gliales, el de los oligodendrocitos, considerado responsable de la formación de la vaina de mielina que envuelve los axones, cuya degeneración causa la esclerosis múltiple.

Una vez más, la neurobiología nos brinda una valiosa lección, aplicable a nuestra vida cotidiana: en la consecución de grandes logros, nunca estamos verdaderamente solos, y hasta la contribución más modesta puede ser decisiva.

6. Charco. Huellas de eventos

¿Cuándo fue la última vez que saltamos en un charco? Cada una de nuestras neuronas se activa ante el esfuerzo de recordarlo: y ahí está, aquel día lejano de cuando éramos niños —o quizás ya adultos— y, al ver un charco de agua, no pudimos resistir su atracción. Quién sabe si no será un eco de la infancia, o de aquella materia escurridiza con la que nos hemos topado varias veces en las últimas etapas de nuestro viaje. De nuevo nos encontramos absortos en la búsqueda de una palabra que nos permita describir la misteriosa sensación que nos invade cada vez que recordamos, situándonos en el limbo entre lo real y lo irreal, lo incorpóreo y lo físico, lo líquido y lo sólido. El recuerdo nos moja, como los charcos mojan las botas, y se manifiesta al mismo tiempo con su solidez, como el asfalto emergiendo del fondo del agua, obstaculizando nuestro intrépido deseo de hundirnos en la calle.

Una vez más, el lenguaje nos permite expresar aquello que de otro modo nos costaría articular; y si el lenguaje es un juego, como sostenía Wittgenstein, entonces nuestro viaje por la palabra nos conduce a las tierras frías del Norte, donde observamos a unos niños que se divierten chapoteando en pequeños espejos de agua con sus botas katiuskas. Los islandeses llaman *hoppipolla* al arte de saltar en los charcos: un término compuesto, derivado de *hopa* (saltar) y *pol* (charco, estanque), que cosquillea nuestros oídos con su ligereza y despreocupación. *Hoppipolla* invita a jugar tanto a adultos como a niños, instando a los primeros a emular a los segundos y a nutrir al niño que habita en su interior. Al mirarlos, parece que estuvieran bailando: toman una pequeña carrera y, con el rostro iluminado por una sonrisa, se elevan un instante para aterrizar en el charco con una mueca de placer. Ha llovido hace poco, y cuando al final de la coreografía vuelven a su lugar, dejan vistosas huellas tras de sí, acentuadas por el contraste entre la suela mojada y el suelo oreado. Observamos estas huellas, un día las recordaremos: el evento deja su impronta. Y como descubriremos en breve, también esta huella deja a su vez otra: el recuerdo, heredero de la experiencia, está dotado de su propia sombra. Se trata del engrama, misterioso reflejo de nuestras memorias, trazado por los pies mojados de la memoria sobre el cómodo terreno de nuestra mente. El recuerdo camina, nosotros viajamos, los niños saltan: nos descubrimos parte de una danza mucho mayor que la que se desarrolla alrededor del charco, animada por el ritmo natural de las cosas del mundo.

Hoppipolla.

Luz sobre los recuerdos

Bailamos, pero no dejamos de buscar con la mirada las curiosas huellas que el recuerdo deja tras de sí.

Es el engrama, el correlato biológico de la memoria o, más específicamente, el conjunto de las modificaciones funcionales y estructurales de las sinapsis que se forman con la contribución de las células gliales y que se conservan en el tiempo gracias a mecanismos epigenéticos. Ciertamente, esta definición parece exhaustiva: pero ¿qué decir de la posibilidad de ir más allá de ella, llegando a visualizar un engrama con nuestros propios ojos para luego, incluso, intervenir sobre él? Diversos estudios (como los realizados en ratones TRAP, de los que hablaremos en los próximos párrafos) se han centrado en esta posibilidad, con el objetivo de obtener una imagen del engrama y manipularlo para observar las eventuales repercusiones en la adquisición y el mantenimiento del recuerdo. Una vez más nos encontramos con técnicas de ingeniería genética, que, sin embargo, se acompañan de una nueva protagonista: la optogenética. En resumen, la optogenética es una técnica que permite activar o desactivar una proteína utilizando una señal luminosa. Aplicada al sistema nervioso, esta capacidad consiste en despolarizar o hiperpolarizar una o más neuronas, lo que se logra controlando la función de un canal iónico o de una bomba iónica.

La posibilidad de utilizar una señal luminosa para estimular una célula nerviosa era una idea que ya circulaba a finales del pasado milenio. En un artículo publicado en 1999 en una revista de la Royal Society of London, Francis Crick —a quien ya habíamos encontrado hablando de la «resistencia» de la memoria— disertaba sobre el impacto de la biología molecular en las neurociencias: «Uno de los próximos avances [de las neurociencias] consistirá en activar o desactivar neuronas individuales en un animal consciente de manera rápida. La señal ideal sería la luz, posiblemente la luz infrarroja, capaz de una mayor penetración en los tejidos. Por el momento esto parece improbable, pero es presumible que la ingeniería genética será capaz de lograr tal resultado». Las previsiones de Crick, una vez más, demostraban cierta clarividencia. En 2021, los investigadores Dieter Oesterhelt, Peter Hegemann y Karl Deisseroth fueron galardonados con el Lasker, un reconocimiento al trabajo de investigación básica que con frecuencia precede al Nobel de Medicina. Según las motivaciones del jurado, se habían ganado el premio «por haber descubierto en microorganismos proteínas sensibles a la luz capaces de activar o reprimir células individuales en el cerebro y por haber desarrollado la optogenética, una técnica revolucionaria en el ámbito neurocientífico». Unos veinte años después del artículo de Crick, lo que él solo había vislumbrado se ha convertido en una realidad tangible.

Entre las primeras proteínas identificadas por los investigadores estaba la bacteriorrodopsina, presente en la membrana del *Halobacterium salinarum*, cuyo hábitat natural son los ambientes con alta concentración salina. Cuando se somete a estímulos luminosos, la bacteriorrodopsina cambia de conformación y promueve la extrusión de iones hidrógeno H^+ de la célula: al hacerlo, crea un gradiente de concentración útil para generar energía en forma de ATP.

Oesterhelt, Hagemann y Deisseroth identificaron también una segunda proteína sensible a la luz: la halorrodopsina, presente en la membrana de algunos tipos de bacterias de la clase *Halobacteria*. Su funcionamiento es similar al de la bacteriorrodopsina, con la excepción de que aquí se promueve la entrada de iones cloro Cl^-.

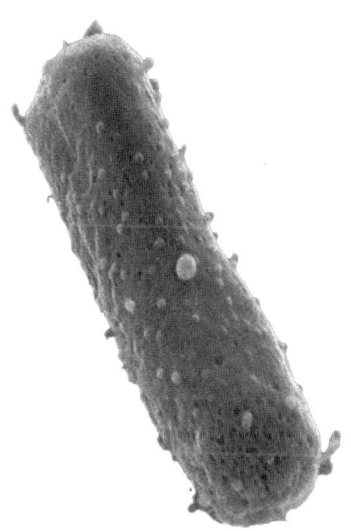

Micrografía electrónica de barrido del bacilo *Halobacterium salinarum* [Helga Stan-Lotter y Sergiu Fendrihan. Fotografía de Chris Frethem, Universidad de Minnesota].

Las investigaciones que condujeron a los científicos al premio Lasker pasaron finalmente también por la *Chlamydomonas,* un alga unicelular capaz de nadar hacia la intensidad de luz preferible para ella, es decir, suficiente para realizar la fotosíntesis pero no tan intensa como para dañar la maquinaria fotosintética. Aquí se encontró un tipo de proteína llamada canalrodopsina (o ChR), capaz de facilitar la entrada en la membrana de iones positivos como Na^+, K^+, H^+ y Ca^{2+}. A diferencia de la bacteriorrodopsina y la halorrodopsina, la canalrodopsina no es una bomba iónica sino (como sugiere el nombre) un canal iónico. Su apertura causa una variación del potencial de membrana mucho más rápida en comparación con la obtenida por la acción de la bacteriorrodopsina y la halorrodopsina: por medio del canal iónico, la neurona puede ser despolarizada o hiperpolarizada en apenas unos milisegundos.

Figura 5A

¿CÓMO FUNCIONA LA OPTOGENÉTICA? La luz es capaz de
activar proteínas fotosensibles, llamadas opsinas, que
pueden estimular o inhibir una sola neurona.

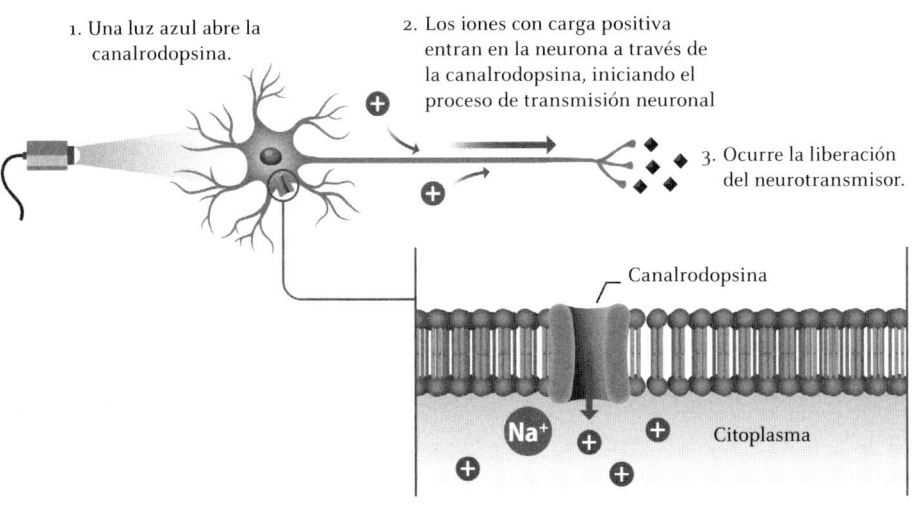

1. Una luz azul abre la canalrodopsina.

2. Los iones con carga positiva entran en la neurona a través de la canalrodopsina, iniciando el proceso de transmisión neuronal

3. Ocurre la liberación del neurotransmisor.

Canalrodopsina

Na⁺

Citoplasma

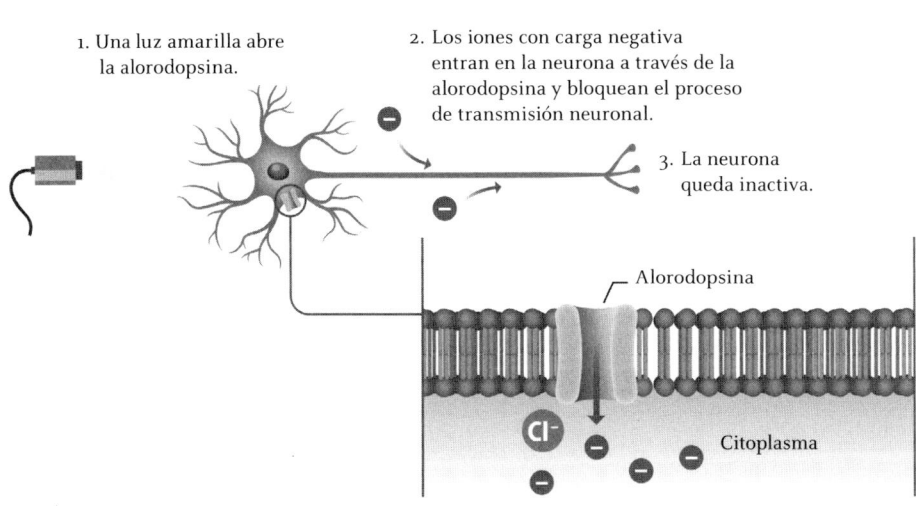

1. Una luz amarilla abre la alorodopsina.

2. Los iones con carga negativa entran en la neurona a través de la alorodopsina y bloquean el proceso de transmisión neuronal.

3. La neurona queda inactiva.

Alorodopsina

Cl⁻

Citoplasma

La reactividad de estas proteínas a la luz hace que se las denomine opsinas (del griego *ópsis*, «vista»). Derivadas de microorganismos, a lo largo de los años han sido modificadas con métodos de ingeniería genética para hacerlas más funcionales a los propósitos heurísticos de los investigadores, que han alterado sus secuencias para obtener, por un lado, una mejor expresión en células de mamífero, y por otro, una inserción eficiente de las opsinas en la membrana celular (*figura 5A*). Con el fin de identificar las células en las que ocurría la expresión, a la secuencia de las opsinas se ha añadido la de algunas proteínas fluorescentes.

Seguir caminando

Hemos sido testigos de los primeros pasos dados en el mundo por esta disciplina recién nacida. ¿Y ahora qué? La optogenética no se ha detenido aquí: era necesario, de hecho, desarrollar métodos capaces de hacer expresar las opsinas recombinantes en tipos celulares específicos del cerebro, ya fueran neuronas o células gliales. Este objetivo se ha alcanzado inyectando localmente partículas virales que contienen la secuencia de las opsinas recombinantes bajo el control de un promotor específico para la población celular diana. Otros «trucos» de ingeniería genética, además, han permitido expresar las opsinas recombinantes de manera inducible; otras variaciones sobre el tema han hecho que esta herramienta sea cada vez más sofisticada.

Queda por profundizar en la última etapa del desarrollo de la optogenética. Varios investigadores desarrollaron métodos dirigidos a focalizar una luz lo suficientemente intensa como para activar las opsinas recombinantes localizadas en una determinada área del cerebro. Una operación nada sencilla, ya que exigía una gran precisión: se pretendía, de hecho, orientar la luz de tal manera que se lograra iluminar una sola neurona, o incluso una única terminación axonal. Todo esto debía hacerse rápidamente y con el animal de experimentación consciente, ocupado en realizar la actividad mental objeto de estudio sin perturbaciones. Estas mejoras se han obtenido empleando fibras ópticas implantadas en el cerebro y conectadas a un láser o, alternativamente, a una luz proporcionada por LEDs conectados a una fuente de energía. Más recientemente, se han desarrollado nuevos tipos de LEDs, los OLEDs (diodos orgánicos emisores de luz), activables de forma inalámbrica, que tienen la ventaja de permitir una mayor libertad de movimiento a los animales sometidos al experimento. Este campo de estudio, sin embargo, sigue abierto a nuevos avances y mejoras tecnológicas (*figura 5B*).

Figura 5B

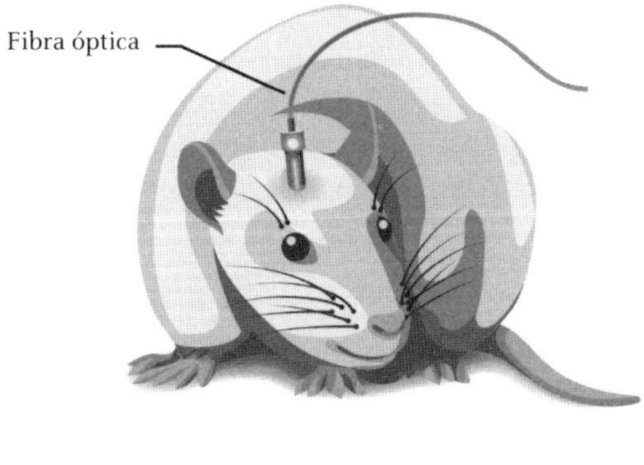

Fibra óptica

Se implanta una fibra óptica en el animal de experimentación para regular la actividad de las neuronas en el animal consciente y libre de moverse.

Odiseo atado al mástil de su barco tratando de vencer la atracción de las sirenas. Cuadro de Léon Belly *Las sirenas* [Museo de l'Hotel Sandelin, Saint Omer, Francia]. «[...] Oye ahora lo que voy a decir y un dios en persona te lo recordar a más tarde. Llegarás primero a las Sirenas, que encantan a cuantos hombres van a encontrarlas. Aquél que imprudentemente se acerca a las mismas y oye su voz, ya no vuelve a ver a su esposa ni a sus hijos pequeñuelos rodeándole, llenos de júbilo, cuando torna a sus hogares; sino que le hechizan las Sirenas con el sonoro canto, sentadas en una pradera y teniendo a su alrededor enorme montón de huesos de hombres putrefactos cuya piel se va consumiendo. Pasa de largo y tapa las orejas de tus compañeros con cera blanda, previamente adelgazada, a fin de que ninguno las oiga; mas si tú deseares oirlas, haz que te aten en la velera embarcación de pies y manos, derecho y arrimado a la parte inferior del mástil y que las sogas se liguen al mismo; y así podrás deleitarte escuchando a las Sirenas. Y en el caso de que supliques o mandes a los compañeros que te suelten, átente con más lazos todavía». Canto XII, *La Odisea*, de Homero. La obra narra las extraordinarias aventuras de Odiseo (Ulises), durante su regreso a Ítaca tras haber combatido en la guerra de Troya. A lo largo de su épico viaje, que se extiende por una década, deberá enfrentarse a innumerables peligros, desde criaturas mitológicas hasta dioses caprichosos, con la esperanza de reencontrarse con su esposa Penélope y su hijo Telémaco.

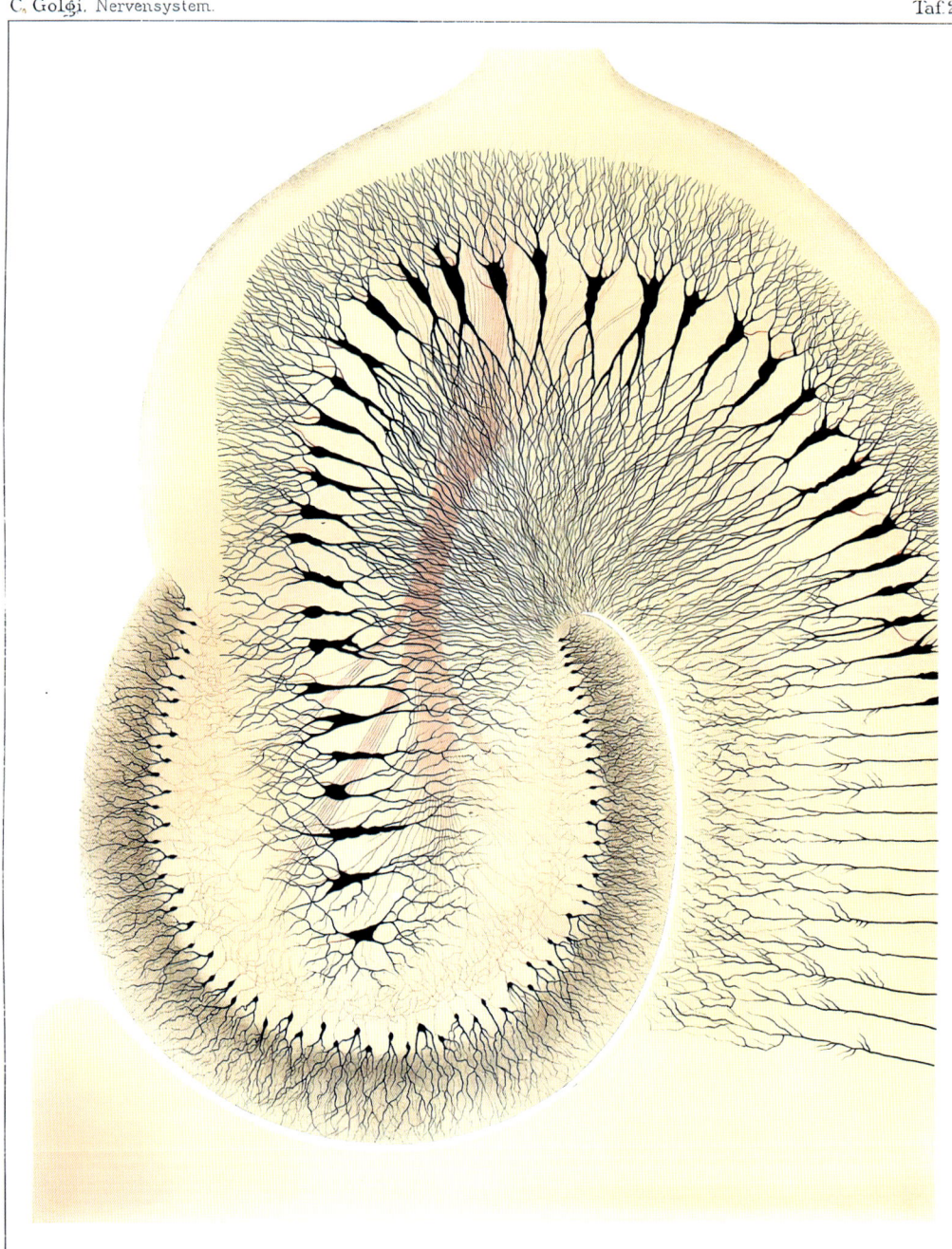

C. Golgi del.   Verl. v. Gustav Fischer, Jena.   Lith.Anst.v.A.Gītsch, Jena

Imagen de una tinción de células nerviosas tomada de *Sulla fina anatomia degli organi centrali del sistema nervoso* (1886), de Camillo Golgi (1843–1926). Reconocido como uno de los mayores neuro-científicos de su época, Golgi trabajó en la Universidad de Pavía, donde desarrolló una revoluciona-ria técnica de tinción utilizando dicromato de potasio y nitrato de plata. Esta técnica permitía teñir de negro los componentes celulares, lo que le llevó a descubrir el orgánulo que hoy lleva su nombre: el aparato de Golgi, un conjunto de discos aplanados rodeados de membranas que empaquetan pro-teínas en vesículas para cumplir diversas funciones en las células nerviosas. Su obra de 1886 incluye detalladas ilustraciones de estructuras como el «pie» del hipocampo, mostrando la complejidad de las ramificaciones y conexiones de las células nerviosas, con especial atención a las fibras nerviosas en relación con los ganglios [Biblioteca Médica Hagströme].

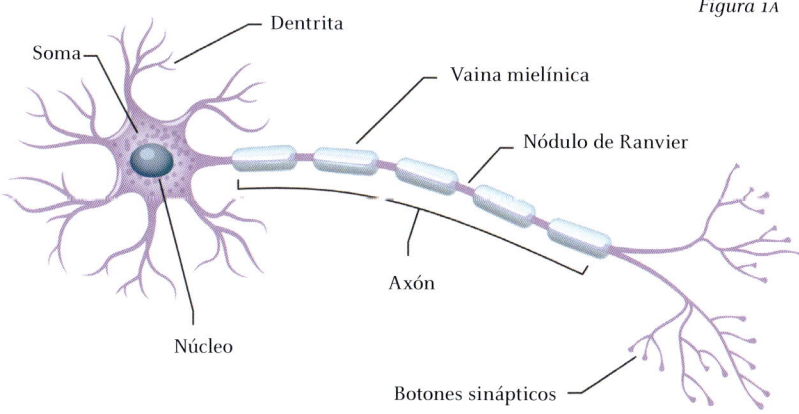

Figura 1A

- Dentrita
- Soma
- Vaina mielínica
- Nódulo de Ranvier
- Axón
- Núcleo
- Botones sinápticos

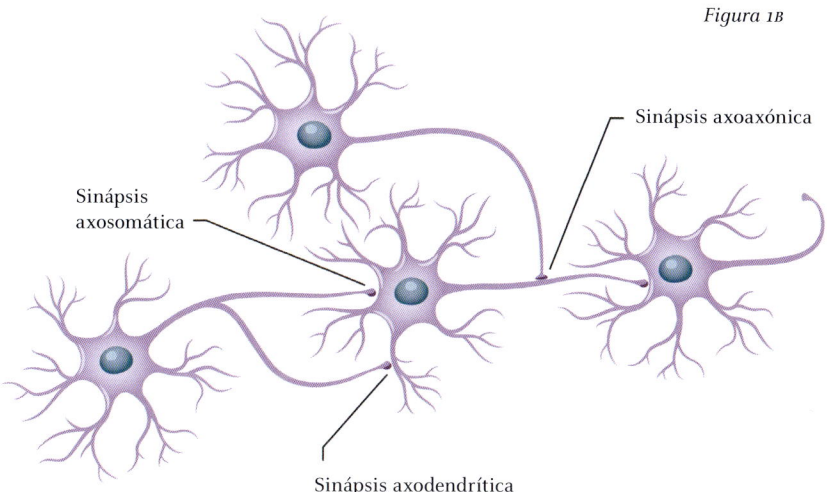

Figura 1B

- Sinápsis axoaxónica
- Sinápsis axosomática
- Sinápsis axodendrítica

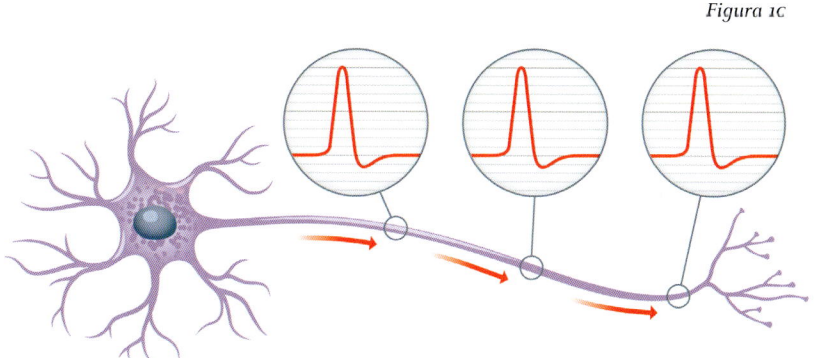

Figura 1C

Figura 1D

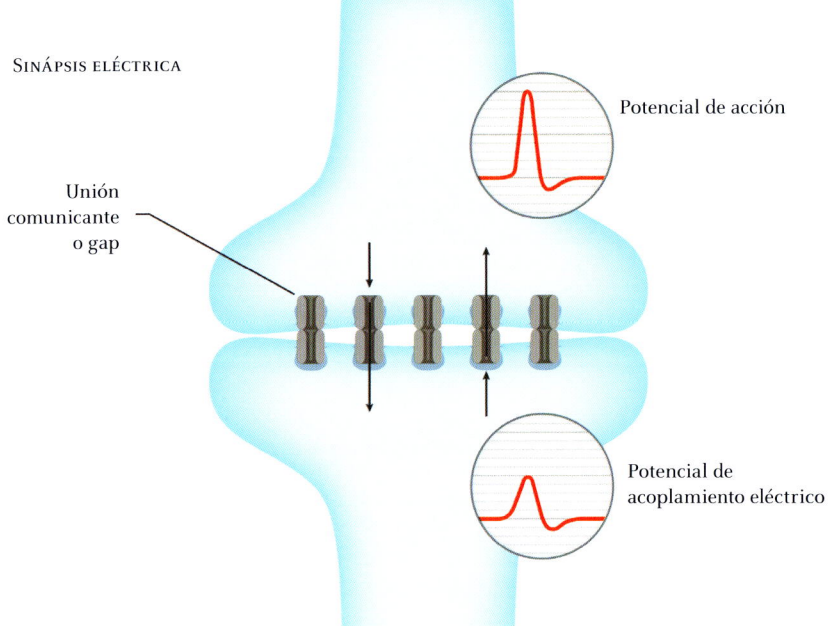

SINÁPSIS ELÉCTRICA

Potencial de acción

Unión
comunicante
o gap

Potencial de
acoplamiento eléctrico

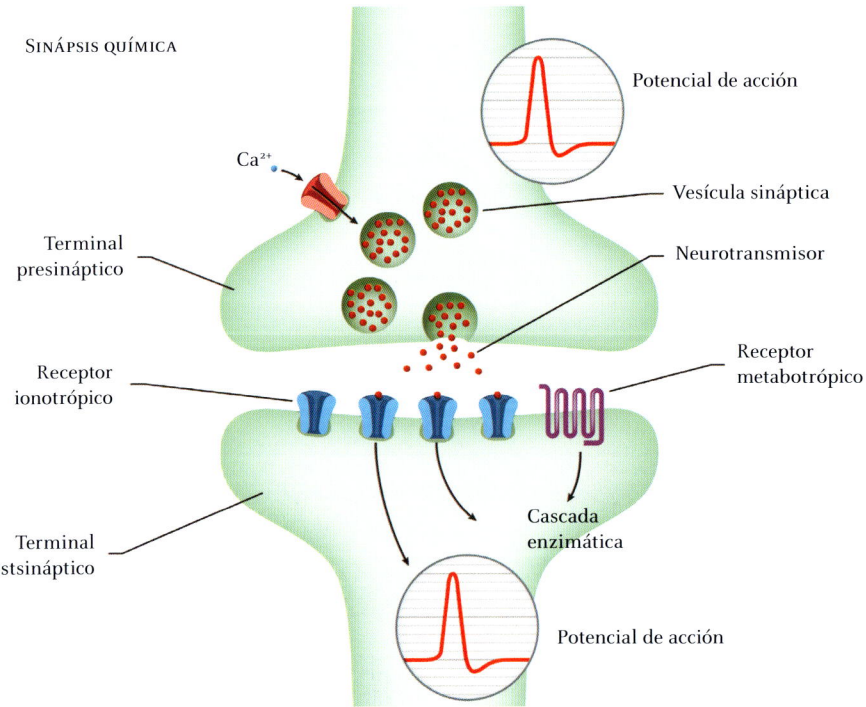

SINÁPSIS QUÍMICA

Potencial de acción

Ca²⁺

Vesícula sináptica

Terminal
presináptico

Neurotransmisor

Receptor
ionotrópico

Receptor
metabotrópico

Cascada
enzimática

Terminal
postsináptico

Potencial de acción

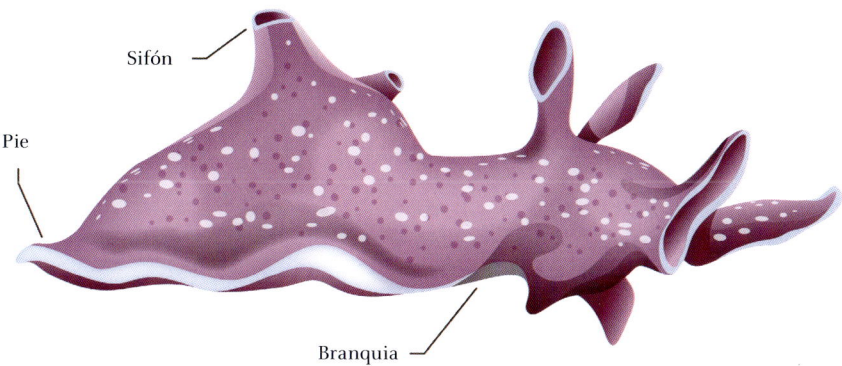

Sifón

Pie

Branquia

Aplysia californica es una gran babosa marina que puede alcanzar una longitud de aproximadamente 70 cm y un peso de hasta 7 kg. Su sistema nervioso es muy simple y está compuesto por solo 20 000 neuronas grandes agrupadas en nueve ganglios. Los circuitos neuronales son iguales entre individuos diferentes, y el tamaño de las células permite insertar electrodos con facilidad. Por estas razones, ha sido elegida como modelo experimental en el estudio de la formación de recuerdos.

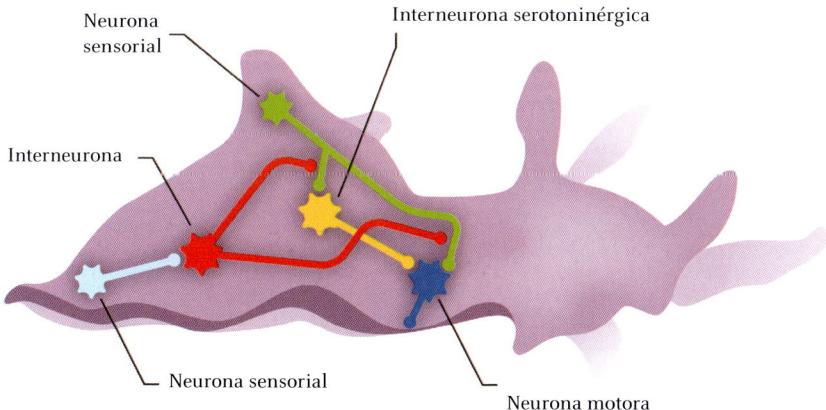

Neurona
sensorial

Interneurona serotoninérgica

Interneurona

Neurona sensorial

Neurona motora

Representación esquemática de los circuitos neuronales que regulan la retroalimentación de la branquia. Los diferentes colores indican neuronas de tipos distintos.

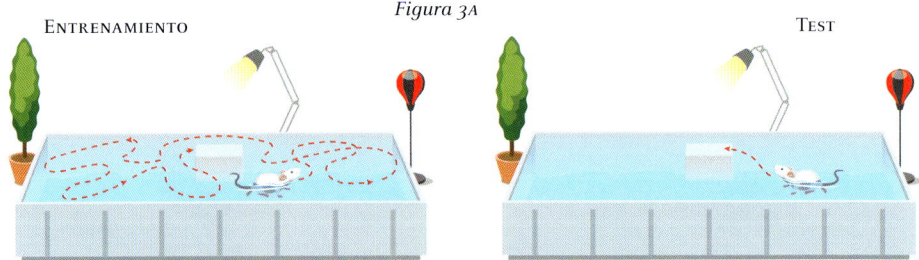

Figura 3ᴀ

Entrenamiento

Test

En sesiones repetidas de aprendizaje, el ratón aprende a localizar una plataforma oculta bajo la superficie del agua, orientándose con referencias visuales (árbol, lámpara, saco de boxeo).

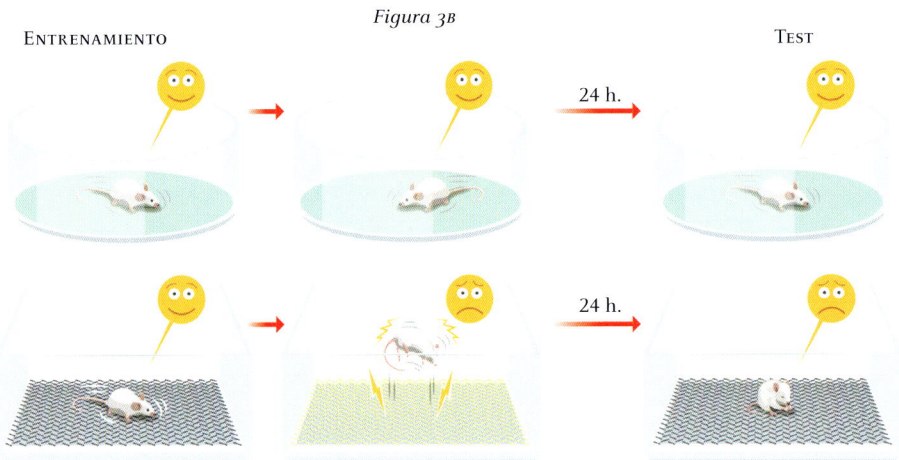

Figura 3ʙ

Entrenamiento

Test

24 h.

24 h.

Colocado en una jaula donde no ocurren eventos negativos (jaula cilíndrica), el ratón se mueve libremente. Sin embargo, al ser colocado en una jaula donde ha recibido una descarga eléctrica (jaula de fondo rectangular), el ratón la reconoce, recuerda el evento negativo y se inmoviliza por miedo, incluso en ausencia de descargas.

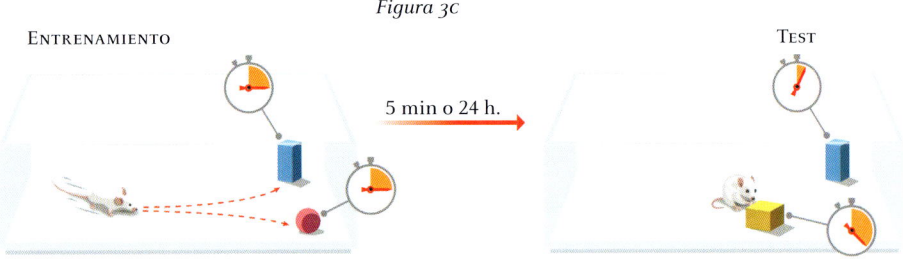

Figura 3c

Entrenamiento

Test

5 min o 24 h.

Colocado en una jaula con diferentes objetos desconocidos, el ratón los huele y los examina a cada uno durante un tiempo similar. Sin embargo, al ser colocado en la misma jaula en la que un objeto ha cambiado respecto a la sesión de aprendizaje, el ratón pasa más tiempo examinando el objeto nuevo y menos tiempo con el objeto conocido.

Figura 4

Estructura de un nucleosoma individual

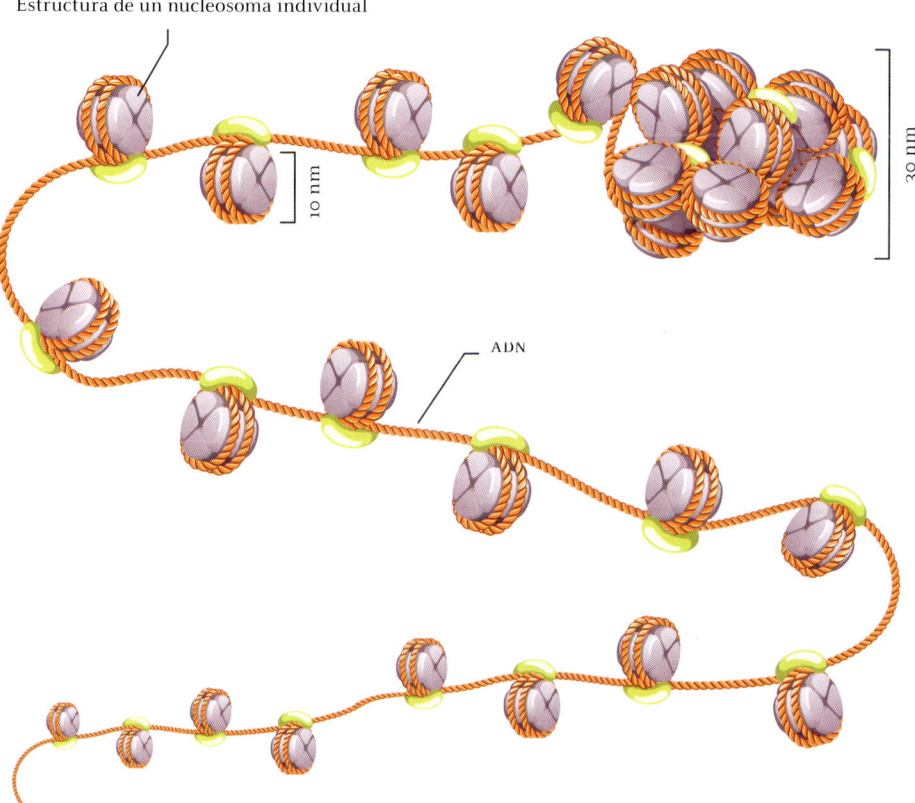

Compactación del ADN dentro del núcleo celular. La doble hélice de ADN, representada como un hilo, está enrollada sobre un complejo proteico formado por ocho proteínas llamadas histonas. La interacción entre el ADN y las histonas depende del hecho de que, mientras el ADN tiene una carga negativa, las histonas están cargadas positivamente. Esta estructura, por su forma, se denomina«hilo de collar de perlas», y cada «perla», llamada nucleosoma, tiene un tamaño de aproximadamente 10 nm, es decir, 10 mil millonésimas de metro. 147 pares de bases del ADN se enrollan alrededor del complejo de las ocho histonas, y entre un nucleosoma y otro existe una secuencia de ADN no enrollado que mide entre 20 y 80 bases. Las «perlas» pueden luego interactuar entre sí, formando estructuras más complejas llamadas fibras de 30 nm. La posterior compactación permite que el ADN humano, que tiene una longitud total de casi dos metros, esté contenido dentro del núcleo celular, cuyo diámetro es de solo unos pocos millonésimos de metro.

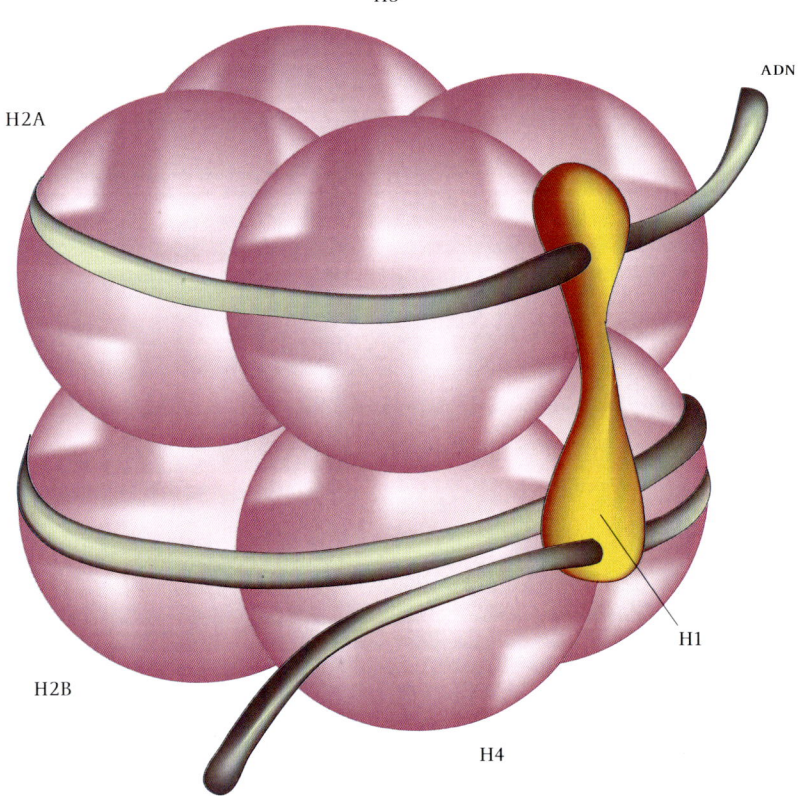

H3

ADN

H2A

H1

H2B

H4

Estructura de un nucleosoma individual mostrando las distintas histonas (H). El nucleosoma es la unidad básica de organización de la cromatina, la estructura que permite empaquetar el ADN dentro del núcleo de las células eucariotas. Consiste en un segmento de ADN de aproximadamente 145-150 pares de bases que se enrolla alrededor de un núcleo proteico formado por un octámero de histonas. Este octámero incluye dos copias de cada una de las histonas H2A, H2B, H3 y H4. Entre cada nucleosoma consecutivo, un fragmento de ADN conocido como ADN espaciador conecta las partículas, formando una estructura que, bajo el microscopio, recuerda a un collar de cuentas. La histona H1, aunque no forma parte del núcleo central, estabiliza la interacción entre el ADN y las histonas y favorece el plegamiento de los nucleosomas en fibras más compactas. Estas fibras reducen drásticamente la longitud del ADN, permitiendo su organización dentro de los cromosomas. Además de su función estructural, el nucleosoma regula la expresión genética al actuar como barrera física para los factores de transcripción y al controlar el acceso al ADN en procesos clave como la transcripción, la replicación y la reparación del material genético. Así, contribuye al control epigenético al garantizar que los genes se expresen en el momento y lugar adecuados.

Figura 5A

¿CÓMO FUNCIONA LA OPTOGENÉTICA? La luz es capaz de activar proteínas
fotosensibles, llamadas opsinas, que pueden estimular o inhibir una sola neurona.

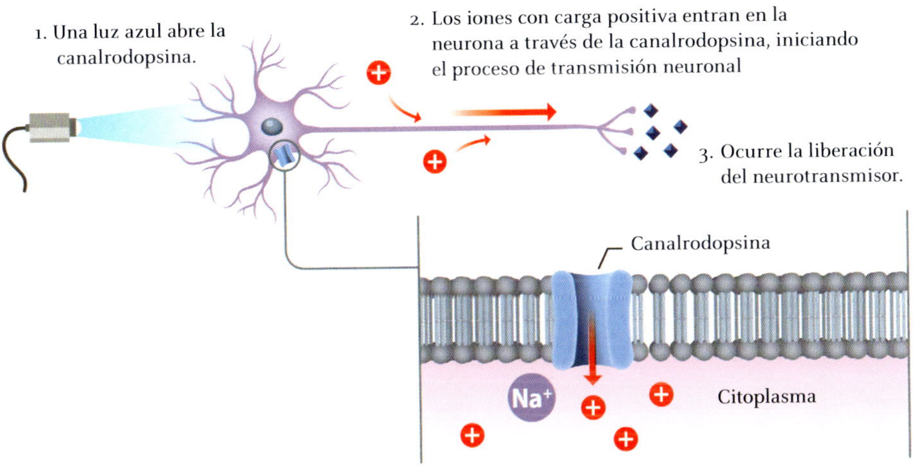

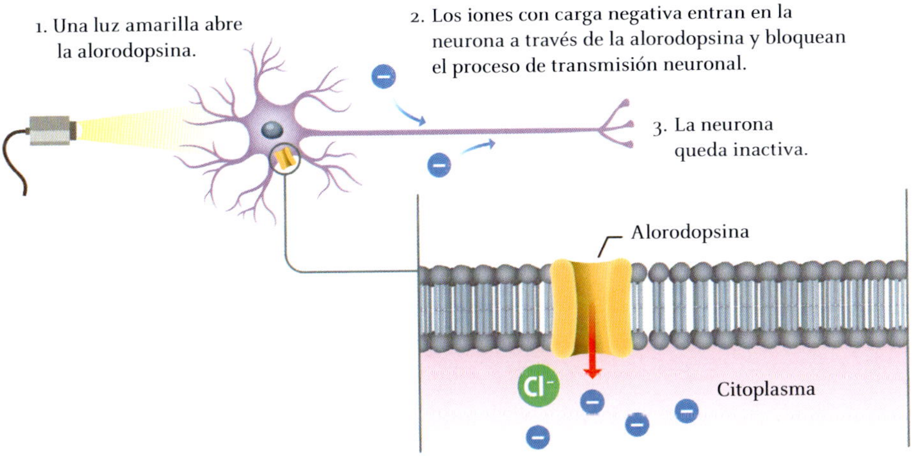

1. Una luz azul abre la
   canalrodopsina.

2. Los iones con carga positiva entran en la
   neurona a través de la canalrodopsina, iniciando
   el proceso de transmisión neuronal

3. Ocurre la liberación
   del neurotransmisor.

Canalrodopsina

Na⁺

Na^+

Citoplasma

1. Una luz amarilla abre
   la alorodopsina.

2. Los iones con carga negativa entran en la
   neurona a través de la alorodopsina y bloquean
   el proceso de transmisión neuronal.

3. La neurona
   queda inactiva.

Alorodopsina

Cl^-

Citoplasma

Fibra óptica

Figura 5B

Se implanta una fibra óptica en el animal
de experimentación para regular la
actividad de las neuronas (en el animal
consciente y libre de moverse).

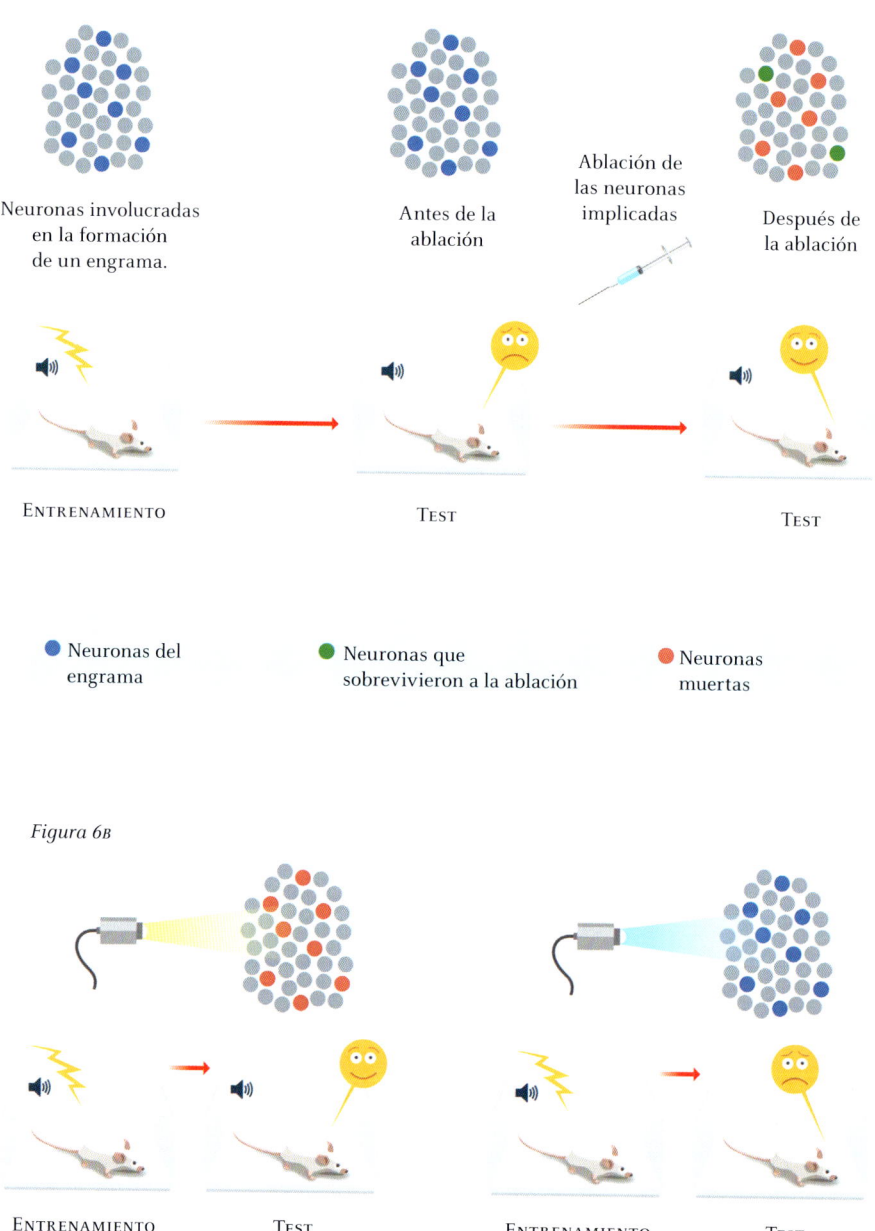

Figura 6A

Neuronas involucradas en la formación de un engrama.

Antes de la ablación

Ablación de las neuronas implicadas

Después de la ablación

ENTRENAMIENTO

TEST

TEST

● Neuronas del engrama

● Neuronas que sobrevivieron a la ablación

● Neuronas muertas

Figura 6B

ENTRENAMIENTO

TEST

ENTRENAMIENTO

TEST

Durante el entrenamiento, donde un sonido se asocia con una descarga, las neuronas del engrama fueron modificadas para expresar una alorodopsina o una canalrodopsina. Al activar la alorodopsina durante la prueba, el ratón no muestra miedo en respuesta al sonido (izquierda), mientras que al activar la canalrodopsina, el ratón mostrará miedo incluso sin el sonido (derecha).

Figura 7

Columna cortical

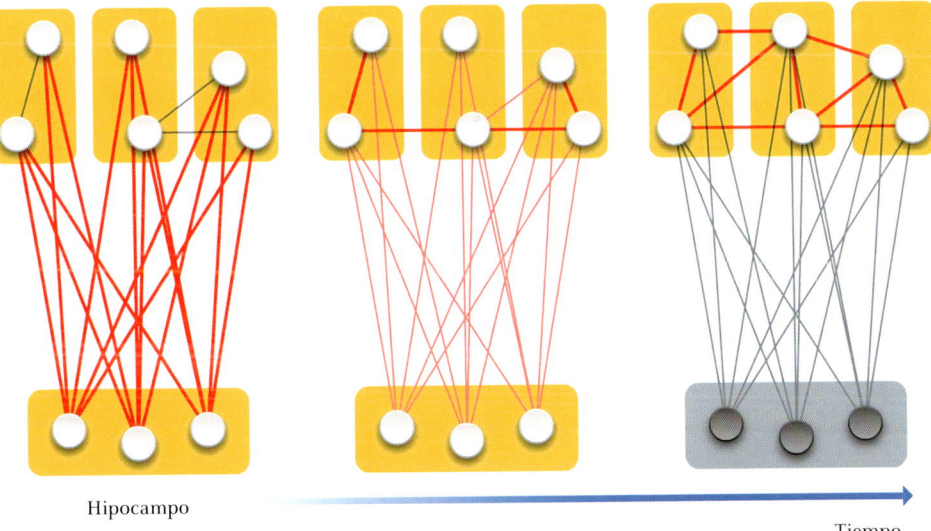

Hipocampo

Tiempo

Los recuerdos, inicialmente dependientes del hipocampo, pueden almacenarse en diferentes regiones del cerebro, como en la neocorteza, que es la región evolutivamente más reciente y particularmente desarrollada en los seres humanos. Este proceso se conoce como consolidación sistémica de la memoria (*System Consolidation of Memory*, SCM). Aquí se presenta la hipótesis llamada teoría estándar de la consolidación (*Standard Consolidation Theory,* STC), según la cual el engrama está formado por neuronas de la neocorteza conectadas a neuronas en el hipocampo. Estas últimas, en un principio, actúan como un «catálogo» que permite a las neuronas del engrama activarse conjuntamente al momento de evocar un recuerdo específico. Con el tiempo, las neuronas corticales se conectan entre sí de forma independiente a las neuronas del hipocampo. Otras hipótesis, descritas en el texto, dan mayor importancia al número de veces que se han evocado las memorias o al tipo de información que contienen.

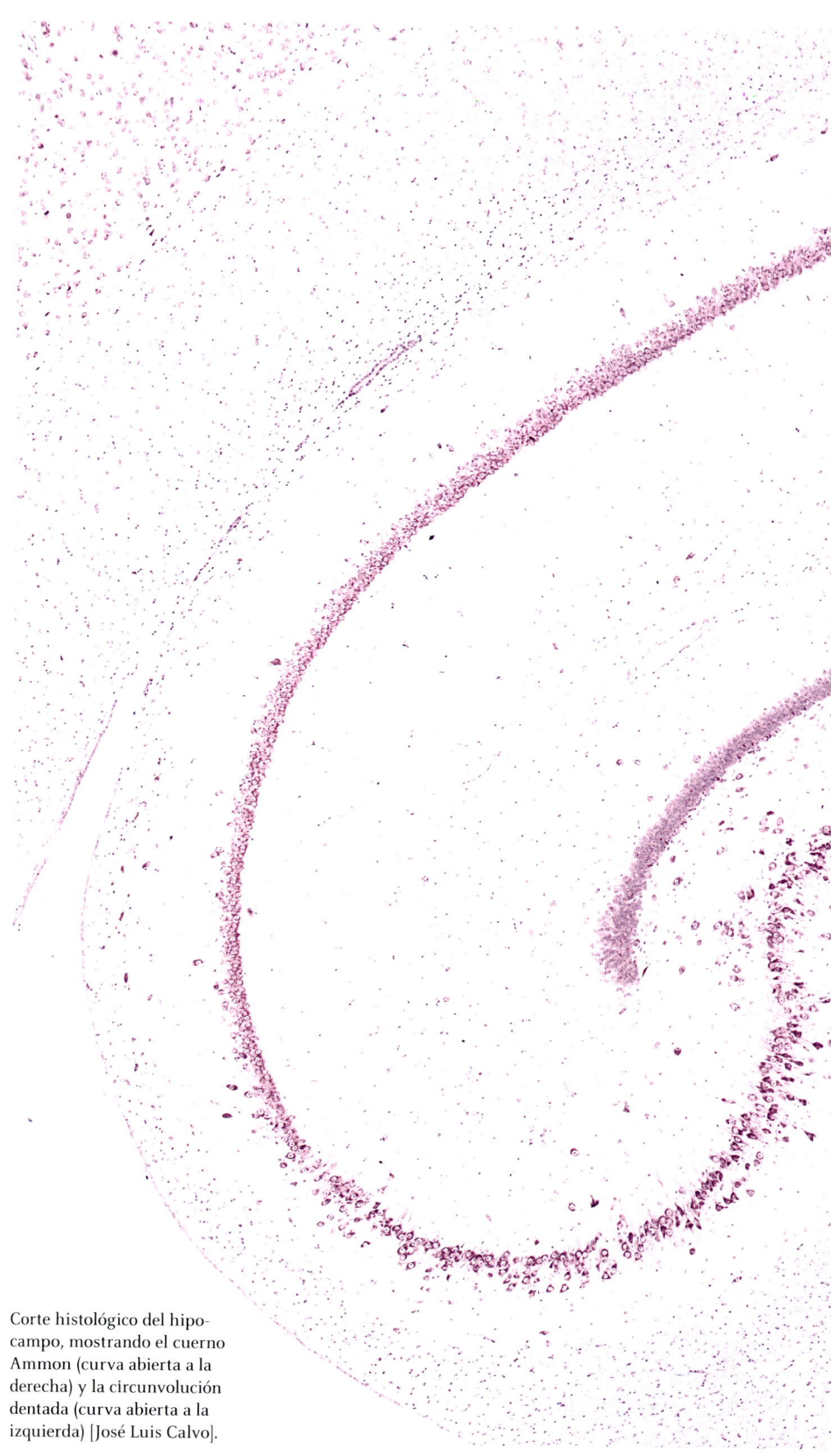

Corte histológico del hipocampo, mostrando el cuerno
Ammon (curva abierta a la
derecha) y la circunvolución
dentada (curva abierta a la
izquierda) [José Luis Calvo].

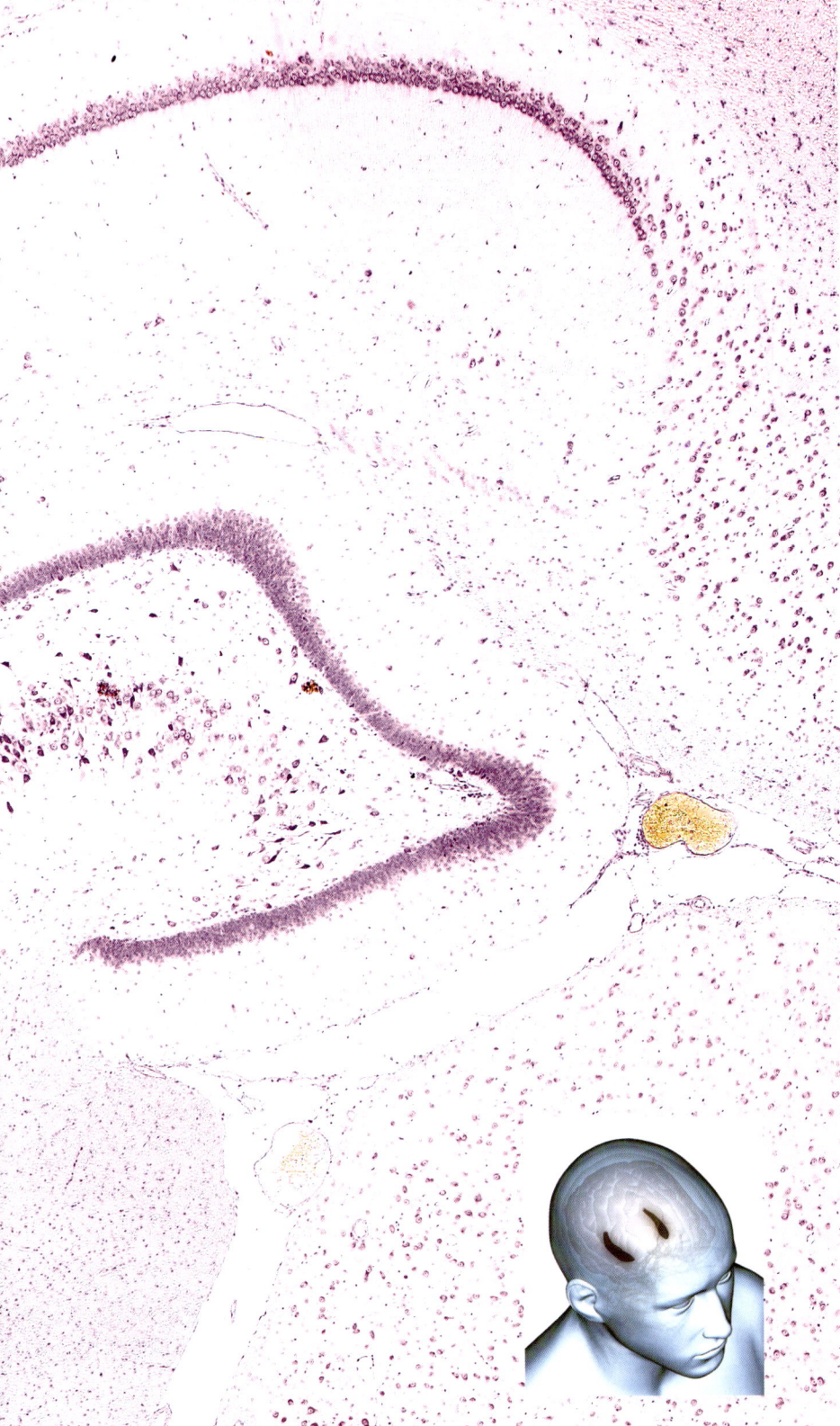

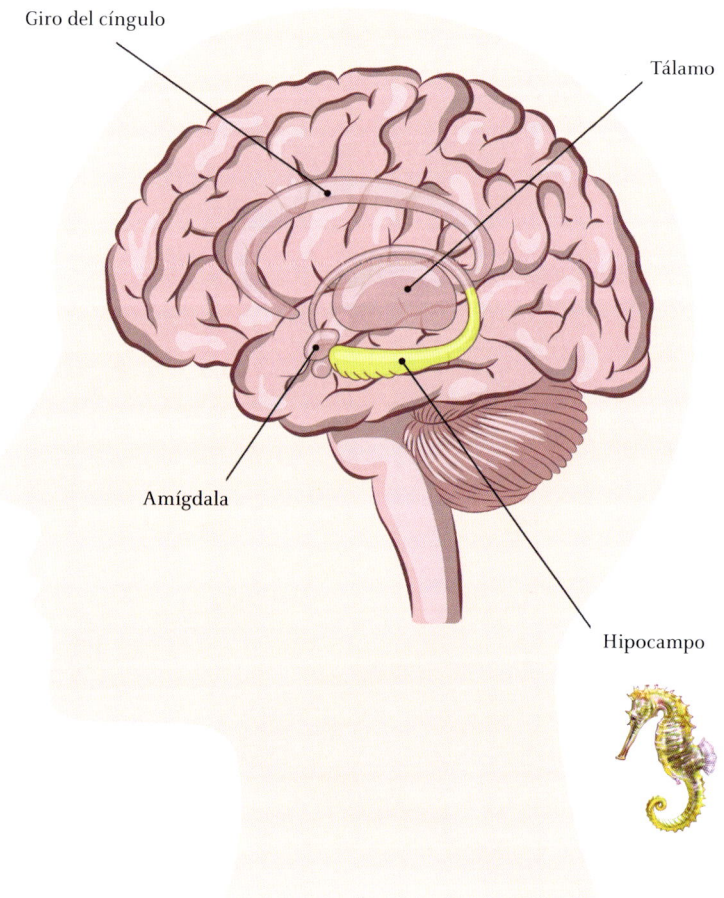

Giro del cíngulo

Tálamo

Amígdala

Hipocampo

El hipocampo, nombrado por su semejanza con un caballito de mar (del griego *hippos*, «caballo», y *kampos*, «monstruo marino»), es una estructura clave del cerebro de los vertebrados. En los mamíferos se encuentra en el lóbulo temporal medial y está presente en ambos hemisferios cerebrales. Forma parte del sistema límbico y desempeña funciones esenciales en la consolidación de recuerdos a largo plazo y en la memoria espacial. Anatómicamente, el hipocampo consta de dos componentes principales: el hipocampo propiamente dicho (o cuerno de Amón) y el giro dentado. Estos están rodeados de otras estructuras que conforman la formación hipocampal, como el subículo y la corteza entorrinal. Su organización neuronal, caracterizada por capas bien definidas, ha convertido al hipocampo en un modelo frecuente para estudiar fenómenos como la potenciación a largo plazo (*long term potentiation* o LTP), un mecanismo de plasticidad neuronal asociado al almacenamiento de la memoria.

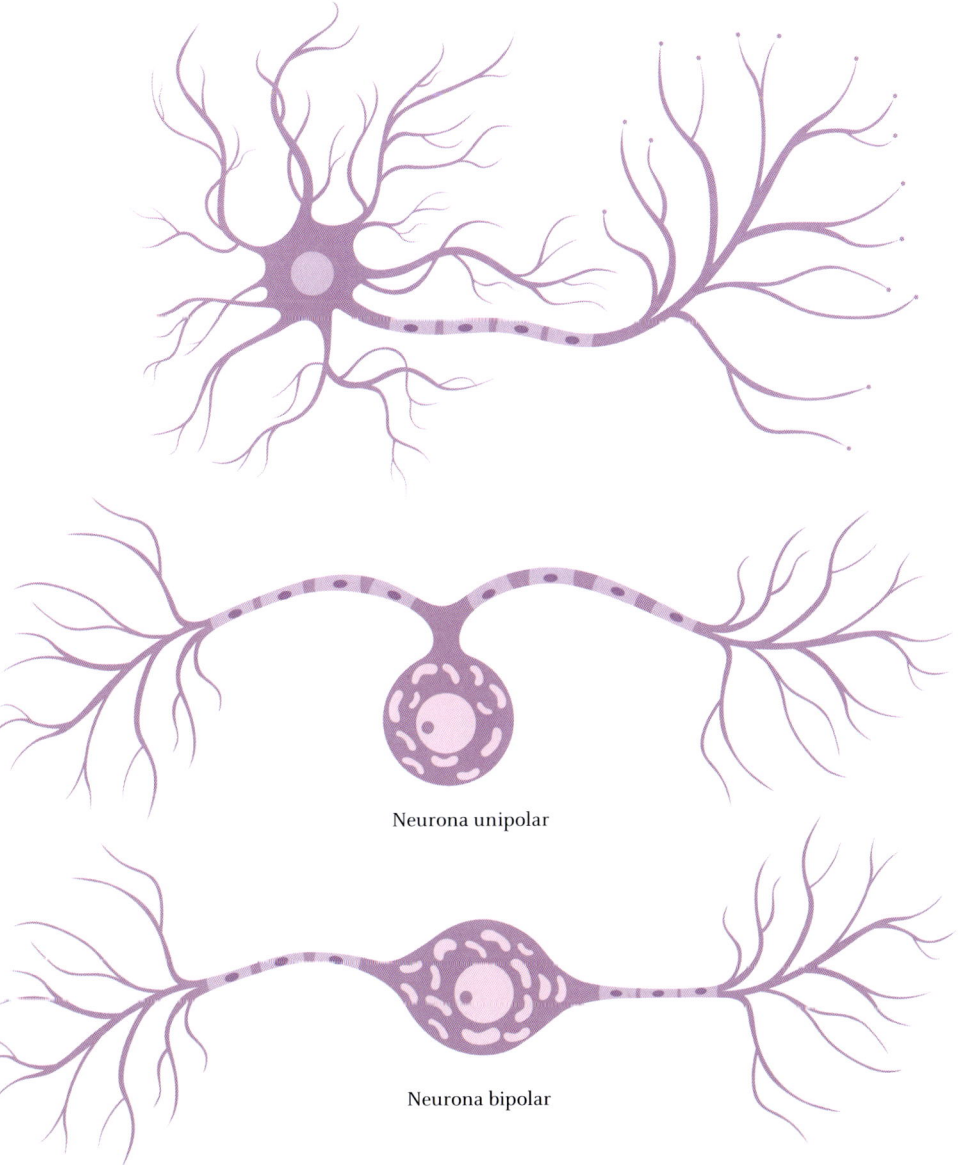

Neurona multipolar

Neurona unipolar

Neurona bipolar

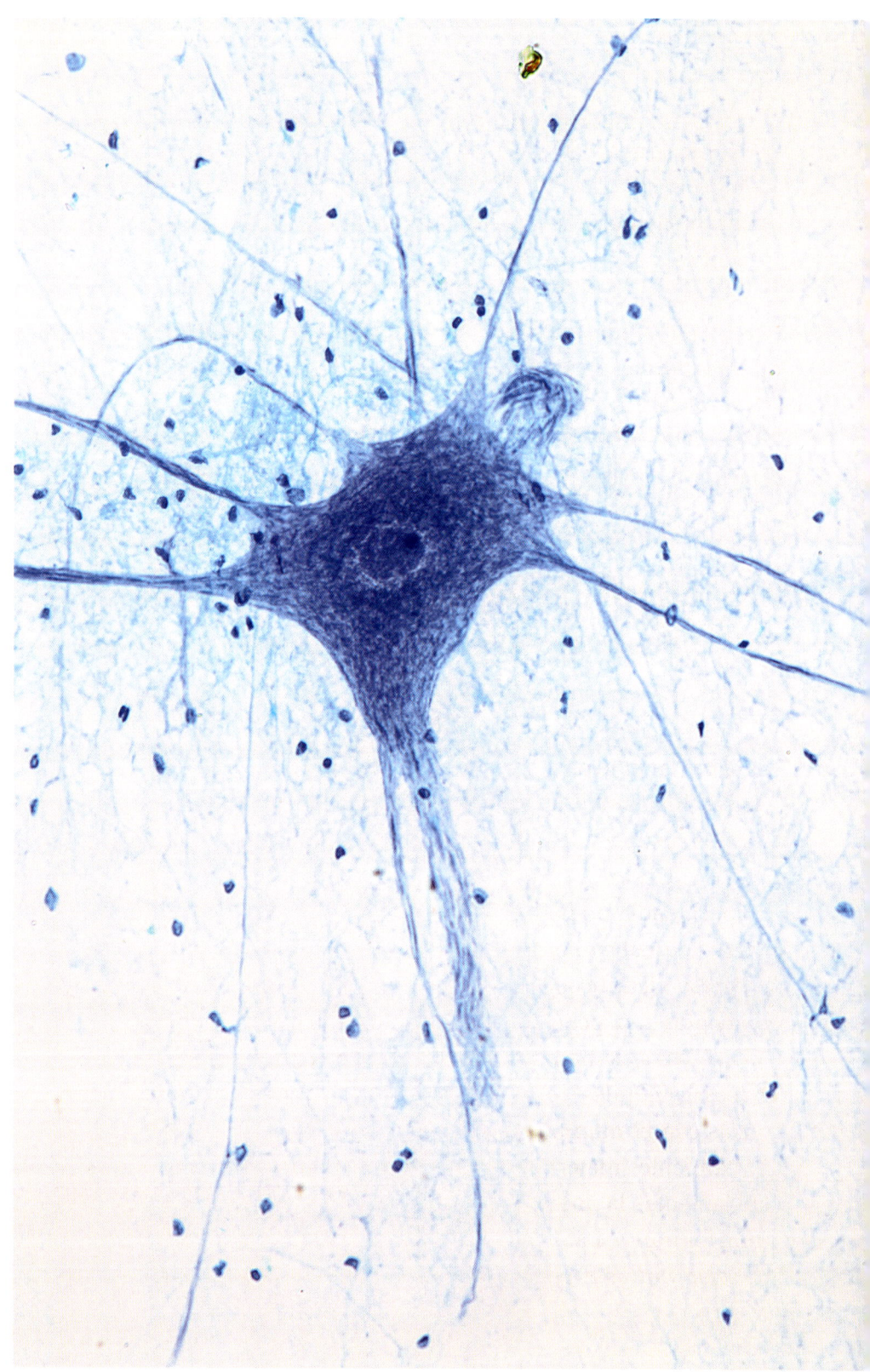

Neurona motora bajo el microscopio [Sinhyu Photographer].

Considerando lo invasivas que son las metodologías optogenéticas, que pueden llegar a exigir intervenciones de gran envergadura como una operación cerebral, su aplicación está actualmente limitada a la experimentación en modelos animales y aún no se ha aplicado al ser humano en el tratamiento de patologías.

Existe una sola excepción, que se refiere a un ensayo clínico relativo a la retinitis pigmentaria, una distrofia progresiva de la retina causada por la disfunción de un canal iónico de los fotorreceptores. Lo que hace posible esta desviación de la norma es el simple hecho de que el ojo, en comparación con el cerebro, resulta más sencillo de operar y de alcanzar con la luz necesaria para activar las opsinas recombinantes que nos interesan. El ensayo en cuestión se basaba en la inyección intraocular de un vector viral, que contenía una canalrodopsina y un complejo sistema óptico que favorecía su estimulación. Los resultados obtenidos, hechos públicos en julio de 2021, fueron alentadores: de las observaciones finales se desprende que el paciente invidente había logrado recuperar parcialmente la capacidad visual.

Entre Oesterhelt, Hagemann y Deisseroth y sus colaboradores, nadie podía imaginar que de sus estudios se derivarían descubrimientos de tal relevancia en términos de progreso científico y conocimiento humano. Partiendo de elementos tan pequeños como bacterias exóticas y algas unicelulares, se ha podido descubrir mucho sobre las funciones cerebrales centrales para cada individuo, relacionadas con el mundo del sueño, el hambre, la sed, el comportamiento materno, la agresividad, el aprendizaje y, obviamente, la memoria. En perspectiva, estos estudios contribuirán a tratar patologías atribuibles a disfunciones de estas y otras funciones humanas.

Donald Hebb [University of British Columbia. Archives].

CREB

Habiendo avanzado tanto, demos ahora un paso atrás. ¿Recordamos qué sostenía Donald Hebb? Ah, sí: «*Neurons which fire together wire together*». «Cuando el axón de una célula A está suficientemente cerca de una neurona B y de manera reiterada o continua la excita, ocurre alguna forma de crecimiento o cambio metabólico en una o en ambas células, de tal manera que aumenta la eficiencia con la que A estimula B». Ya hemos analizado varios aspectos de esta teoría, y ahora nos disponemos a descubrir uno nuevo. Veremos, de hecho, cómo la ingeniería genética y la optogenética se relacionan con la hipótesis hebbiana, verificándola.

Traduciendo el concepto de Hebb de una manera, por así decirlo, más operativa, podríamos plantearnos la siguiente pregunta: si fuéramos capaces de identificar las neuronas excitadas en el momento mismo en que ocurre un determinado evento, y si pudiéramos luego visualizarlas en el momento en que recordamos ese evento, ¿veríamos o no circuitos neuronales similares y superpuestos entre sí?

Vayamos por orden. En primer lugar, ¿cómo se identifica una neurona excitada? Vuelve a ayudarnos el ratón TRAP, protagonista de diversas investigaciones dirigidas a capturar una imagen del engrama e intervenir sobre él. Ahora, sabemos que al despolarizarse una neurona se activa automáticamente la transcripción de cierto número de genes, llamados genes inmediatos (*immediate early genes* o IEG). Un nombre, todo un programa: su expresión, de hecho, se activa en pocos minutos para luego decaer rápidamente en unas decenas de minutos. El método operativo empleado aquí aprovecha esta información: unos días antes del protocolo de aprendizaje, se inyecta en la región cerebral de interés un virus recombinante que contiene un marcador: puede tratarse de una proteína fluorescente, puesta bajo el control del promotor de un IEG. El promotor en cuestión se modifica previamente de manera tal que se active solo en presencia de un fármaco específico, que se suministra durante la fase de aprendizaje. Resultado: las células neuronales del ratón activas durante el proceso de aprendizaje resultan luego rastreables, en cuanto son marcadas por la proteína fluorescente. Después de un período variable de uno o más días, el ratón es expuesto nuevamente al estímulo condicionante: esta vez, sin embargo, la operación se efectúa sin que se emplee ningún fármaco. ¿Qué sucede? Las células que estaban activas durante el aprendizaje se visualizan, en cuanto expresan la proteína fluorescente; las del engrama, es decir, las activas durante la prueba de memoria, se marcan con anticuerpos dirigidos contra los IEG endógenos y resultan, por tanto, identificables. Este complejo procedimiento permite comparar los circuitos activos en el momento de la formación de la memoria con aquellos que se activan cuando la memoria es evocada. De este e innumerables estudios similares en sus intenciones (que, por otra parte, se diferencian por vectores virales, marcadores celulares y paradigmas de aprendizaje empleados) emerge que los dos circuitos resultan en gran parte superponibles, lo que confirma parcialmente la hipótesis de Hebb.

Decimos «parcialmente» porque estos estudios son, en realidad, meramente descriptivos. Para llegar a una demostración más rigurosa se hace necesario demostrar dos hipótesis esenciales: aquella por la cual destruyendo el engrama se cancelaría la memoria del evento correspondiente, por un lado; y aquella por la cual crear un engrama artificial llevaría al desencadenamiento de un falso recuerdo, por otro.

Pero de estos dos puntos hablaremos al final del capítulo. Antes de sumergirnos en la descripción de los experimentos llamados a apoyar estas teorías, de hecho, es bueno plantearnos una pregunta: ¿cómo se seleccionan las neuronas de una región cerebral específica que formarán parte de un engrama?

Una primera indicación hacia una respuesta plausible fue dada por un experimento realizado en 2001, con el cual se observó que la sobreexpresión de CREB (¿lo recordamos? Es el factor de transcripción que hemos encontrado en el capítulo 4) incrementa los procesos de adquisición de una memoria específica. La experimentación se componía de varios pasos. Tomada una población de ratones de laboratorio, se inyectó en el núcleo lateral de su amígdala (una región cerebral próxima al hipocampo cuyas neuronas pueden ser activadas por estímulos auditivos o dolorosos) un virus recombinante codificante para CREB en cantidad suficiente para infectar aproximadamente el 10 % de las neuronas. Los ratones fueron sometidos a un protocolo de condicionamiento pavloviano, por el cual cada vez que oían un sonido sufrían también una pequeña descarga eléctrica, infligida a una de sus patas. Debemos hacer una precisión: el condicionamiento del que estamos hablando se desarrolló en condiciones no óptimas, es decir, en una sola sesión en lugar de en varias sesiones. En estas condiciones, en los ratones no inyectados no se forma un engrama estable, es decir, no hay memorización. Esto ocurre, al contrario, en los animales inyectados con CREB, donde se observa un aprendizaje similar a cuando el condicionamiento se había obtenido con múltiples sesiones.

A partir de este dato se ha avanzado una hipótesis según la cual, en lo que respecta a la participación en el engrama, la sobreexpresión de CREB haría a las neuronas más «deseables» y, en segundo lugar, no serían necesarias sesiones repetidas para incrementar el valor de CREB hasta el punto de hacer que un número suficiente de neuronas pueda expresarlo suficientemente.

Esta hipótesis fue luego demostrada con un experimento que, sustancialmente, es la combinación de los dos experimentos recién descritos. Consiste en inyectar un virus que codifica para una proteína de fusión entre el factor de transcripción CREB y la GFP (*green fluorescent protein*), una proteína fluorescente aislada de un particular tipo de medusa bioluminiscente y actualmente empleada en varios experimentos de biología molecular. Se sabe que las neuronas que expresan CREB tienen una mayor probabilidad de ser incluidas en el engrama. En animales de control en los que se ha inyectado un virus codificante solo para la GFP, la probabilidad para estas neuronas de participar en el engrama no es inferior ni superior respecto a la de las neuronas no inyectadas. Ergo, lo que hace la diferencia es la cantidad de CREB expresada. Viceversa, si se inyecta un virus codificante para una proteína de fusión entre un inhibidor de CREB y GFP, se observa que las células verdes tienen menos probabilidad de participar en el engrama que las células no infectadas.

Detengámonos por un momento en el carácter «especial» de CREB. ¿Qué función específica hace que, por medio de este factor de transcripción, algunas neuronas resulten tener mayores probabilidades de participar en un engrama? Lo que parece hacer la diferencia es su mayor excitabilidad, es decir, su ser más propensas a «disparar» un potencial de acción cuando reaccionan a un estímulo despolarizante. En efecto, es posible hacer las neuronas más excitables también interviniendo sobre ellas, de modo tal de aumentar la función de los canales Na^+ o K^+ voltaje dependientes, incluso en ausencia de CREB. A este propósito, se podría decir que la función de CREB se traduce esencialmente en incrementar la acción de los canales voltaje dependientes. De hecho, si fuéramos nosotros a proveer esto con alguna estratagema experimental, CREB ya no sería necesario.

Pero no cantemos victoria demasiado pronto: la trama, de hecho, se complica. Incluso las neuronas activadas «artificialmente», de hecho, aumentan por un cierto lapso de tiempo la expresión de CREB.

En resumidas cuentas, la situación que se perfila nos ayuda a comprender que las neuronas más excitables mientras ocurre un evento relevante serán las favoritas para participar en el engrama que de este evento constituirá la huella biológica; en la competencia entre las neuronas las más excitables ganan. Haciendo de árbitro está CREB, que regula la excitabilidad y es regulado a su vez. En este juego de roles pueden proponerse dos escenarios interesantes. Imaginemos que ocurren dos eventos del mismo tipo que interesan a la misma región del cerebro. Si ocurrieran en tiempos diferentes, por ejemplo a distancia de veinticuatro horas uno del otro, cada uno de ellos dispondría de su propio engrama específico. Al contrario, si se verificaran en tiempos cercanos sus engramas serían parcialmente similares, dado que las neuronas activadas por el primer evento mantendrían por un cierto período elevados niveles de CREB y esto las pondría a la cabeza entre todas las neuronas candidatas a reclutarse también en el engrama del segundo evento. Las dos memorias estarán conectadas a nivel funcional y al evocar una de ellas, aparecerá también la otra, su hermana.

Herencia y memoria

No es indispensable hacer uso de engramas e instrumentos optogenéticos para medir cuánto se solapan las memorias entre sí: observar el comportamiento de quien recuerda puede ser a veces suficiente.

Consideremos unos ratones expuestos primero a un entorno desconocido para ellos, que llamaremos A; después de algunas horas transcurridas aquí, son devueltos a su jaula. Tras una semana, los ratones son transferidos a un entorno B y, pasado el tiempo necesario para conocerlo, inmediatamente transportados a un tercer entorno C; poco tiempo después de haber llegado aquí, reciben una descarga eléctrica en la pata.

Habiendo pasado un lapso de tiempo muy breve entre el conocimiento del último entorno y la descarga, la próxima vez que los ratones se encuentren en C darán señales de tener miedo, inmovilizándose: el breve intervalo entre los dos eventos habrá inducido a los ratones (es decir, sus cerebros) a asociarlos en una única memoria. Probablemente, los animales se inmovilizarán también cuando sean puestos nuevamente en B: al fin y al cabo, tampoco ha pasado tanto tiempo entre la estancia en este entorno y el momento de la descarga. La única excepción está representada por A: los ratones no manifiestan miedo cuando son llevados de vuelta allí, porque los dos eventos (la permanencia en A y la descarga) estuvieron temporalmente muy alejados entre sí durante el aprendizaje y, por lo tanto, no han formado una única memoria. El experimento sugiere la centralidad del papel jugado por el tiempo y la periodicidad en la formación de las memorias.

A nivel celular, las neuronas activas mientras el ratón exploraba C durante el aprendizaje estaban excitadas, y por lo tanto más propensas a participar también en el engrama que codificaba la descarga. Algunas de las activas cuando el ratón exploraba B, luego, estaban en un estado de aún mayor excitabilidad en el momento en que el ratón recibía la descarga (al fin y al cabo, habían pasado pocas horas desde la llegada al nuevo entorno). Las neuronas activas durante la exploración de A no tenían razón, después de una semana, para ser más excitables que las otras neuronas: de ahí la falta de conexión entre la memoria del peligro y la relativa al entorno A.

Tomemos otro ejemplo. Consideremos unos ratones sometidos a condicionamiento con dos sonidos diferentes (Sonido 1 y Sonido 2) y la habitual y molesta descarga. Si, después de la sesión de aprendizaje, los animales son repetidamente estimulados con el Sonido 2 en ausencia de la descarga eléctrica, el condicionamiento al Sonido 2 se pierde pronto: el animal se olvida. ¿Recordamos la habituación en la *Aplysia*? Es algo parecido: si, y solo si, las dos sesiones de aprendizaje iniciales se han efectuado a distancia de algunas horas, los animales tendrán una respuesta menor también al Sonido 1, es decir, no se inmovilizarán. Si los sonidos han sido percibidos por los ratones en tiempos cercanos, de hecho, estarán correlacionados con engramas con muchas neuronas comunes; de modo que la cancelación de la peligrosidad del Sonido 2 eliminará también el miedo ligado al Sonido 1.

Es interesante notar que una observación similar se puede hacer también en el caso de experimentos de memorización realizados en humanos. En estos casos se utiliza la resonancia magnética funcional fMRI, una técnica que mide las variaciones del flujo sanguíneo de modo no invasivo —variaciones que, en el caso del cerebro, están correlacionadas con la actividad neuronal—. Con fMRI se hace posible medir las regiones cerebrales activas tanto durante los procesos de aprendizaje, como en el momento de las pruebas de memorización. Aunque la fMRI tiene una capacidad de resolución menor en comparación con los métodos empleados en animales de experimentación, a través de ella se ha visto que las memorias de hechos cercanos en el tiempo tienden a involucrar áreas superponibles. Desde el punto de vista funcional, sujetos voluntarios que aprenden a asociar un evento A a un evento B y un evento B a un evento C logran asociar el evento A al C más rápidamente si el entrenamiento A→B y B→C se ha llevado a cabo en tiempos cercanos (treinta minutos), mientras que lo hacen más lentamente si ocurre con tiempos más prolongados (veinticuatro horas).

A propósito de velocidad, ha llegado el momento de ralentizar nuestro paso hasta casi detenernos. Preguntémonos a nosotros mismos: ¿de dónde partimos? Páginas atrás habíamos afirmado que para probar la hipótesis hebbiana es necesario demostrar que la formación de un engrama es tanto necesaria como suficiente para la memorización de un evento. Lo que debemos hacer ahora, por lo tanto, es probar experimentalmente que destruir el engrama lleva a cancelar la memoria del evento correspondiente y que crear un engrama artificial causa el establecimiento de una falsa memoria.

Primer paso: el engrama es necesario para la memorización de un evento. ¿Cómo hacer para sostener experimentalmente esta tesis? El procedimiento consiste en inyectar al ratón un virus que permite la expresión de CREB y una proteína capaz de provocar la muerte de las células que la expresan. Esta proteína, inicialmente en forma inactiva, puede ser activada con un fármaco específico. A continuación, se hace memorizar al ratón un cierto evento. He aquí que, dado que las células que expresan CREB son favorecidas en la formación del engrama, la mayoría de las células del engrama de este evento expresarán también el gen «suicida». Y he aquí que llegamos al acto decisivo: activando la proteína «suicida» en un tiempo posterior a la memorización del evento se elimina la mayor parte de las células del engrama. Haciendo una prueba de memorización se puede verificar que la memoria del evento se ha perdido. Alternativamente, es posible utilizar un procedimiento optogenético (*figuras 6A y 6B*).

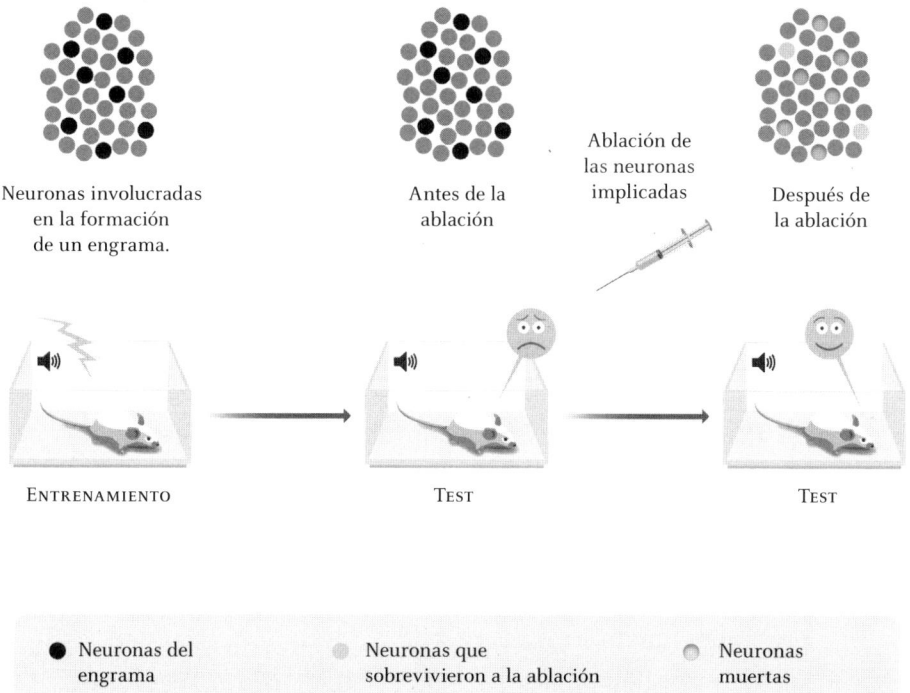

Neuronas involucradas en la formación de un engrama.

Antes de la ablación

Ablación de las neuronas implicadas

Después de la ablación

ENTRENAMIENTO   TEST   TEST

● Neuronas del engrama   Neuronas que sobrevivieron a la ablación   Neuronas muertas

Figura 6B

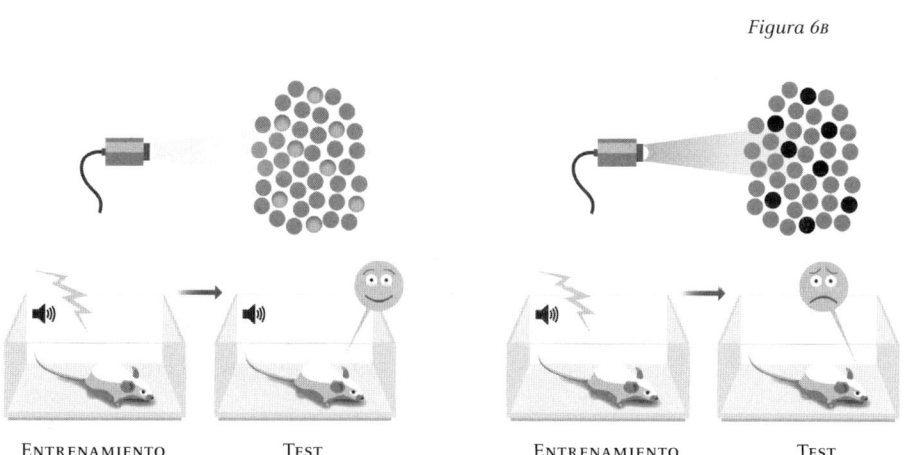

ENTRENAMIENTO   TEST   ENTRENAMIENTO   TEST

Durante el entrenamiento, donde un sonido se asocia con una descarga, las neuronas del engrama fueron modificadas para expresar una alorodopsina (indicadas ◉) o una canalrodopsina (indicadas ●). Al activar la alorodopsina durante la prueba, el ratón no muestra miedo en respuesta al sonido (izquierda), mientras que al activar la canalrodopsina, el ratón mostrará miedo incluso sin el sonido (derecha).

Más laboriosa es la demostración de la segunda tesis, según la cual la creación de un engrama sería suficiente para la memorización. En este caso, los ratones son infectados con un virus que codifica para una canalrodopsina ChR, un tipo de proteína que puede ser expresada a voluntad del experimentador administrando un fármaco apropiado. Los animales aprenden a conocer un entorno A en condiciones en las que la ChR no se expresa, para luego ser insertados en un entorno B en condiciones en las que la ChR sí se expresa. Aquí son sometidos a una descarga. Posteriormente, son transportados nuevamente a A, en condiciones en las que nuevas ChR no se sintetizan, mientras continúan estando presentes las sintetizadas previamente, cuando estaban en B. En este punto, la ChR es activada por la luz: he aquí que «disparan» simultáneamente las neuronas del engrama que representa la memoria del entorno A (porque es recordado) y las neuronas del engrama correlacionado con la memoria de la descarga, ya que son activadas por el estímulo luminoso. Se crea así un nuevo recuerdo, debido a la cual los animales se inmovilizarán tanto cuando sean colocados en el entorno B (lugar de la memoria «verdadera») como cuando sean introducidos en el entorno A (lugar de la memoria «falsa»), pero no cuando sean llevados a un entorno C.

7. LUNA. OLVIDAR

«Las lágrimas y los suspiros de los amantes, / el tiempo vano
que se pierde en juegos, / y el ocio largo de los ignorantes, /
proyectos vanos que no encuentran ruego, / los vanos deseos tan
constantes / que ocupan casi todo aquel trasiego: / todo cuanto
aquí abajo hayas perdido, / allí en la luna puede ser hallado».

LUDOVICO ARIOSTO, *ORLANDO FURIOSO*, XXXIV, 75

A lomos del fiel Hipogrifo, con el cuerno mágico colgado
al hombro, el paladín Astolfo alcanza el suelo lunar, donde
ha acudido para recuperar el juicio de su primo Orlando.
Nos encontramos en nudo de los acontecimientos que componen el *Orlando furioso*, la maravillosa obra de Ludovico
Ariosto que vio la luz en 1516. La historia es la típica de todo
poema caballeresco: hay un caballero virtuoso (Orlando)
que lucha para defender lo que cree justo (la religión cris-
tiana, que aquí tiene el rostro de Carlomagno) del mal
(el credo musulmán, es decir, los moros). Para corrom-
per el honor de Orlando interviene el amor, que aparece
en escena en la figura de la bella Angélica. La infatuación
induce al caballero a equivocarse, abandonando sus debe-
res de héroe para correr tras el nuevo objeto de su deseo.
Él, que había recibido de Dios el don de la invulnerabilidad

Frontis de *Orlando Furioso* de Ludovico Ariosto, por Doré.

para que defendiera al ejército de Carlomagno, lo desperdicia ahora para satisfacer una frivolidad pagana. El castigo no tarda en llegar, y Orlando es privado del juicio durante tres meses. Al cabo de los tres meses es precisamente el primo Astolfo, el del Hipogrifo y el cuerno mágico, quien es llamado a la Luna para recuperar la razón del caballero y devolvérsela.

En efecto, todo lo que se pierde en la Tierra acaba aquí: el paladín encuentra la fama de quienes fueron célebres y luego olvidados, las lágrimas y los suspiros de los amantes, la belleza de las mujeres, los votos y las plegarias de los fieles; pero también reinos enteros antiguos, otrora espléndidos y ahora olvidados, y ruinas de ciudades ya decaídas. Locura hay poca, porque en la Tierra ha quedado en abundancia. En compensación, el juicio allí presente basta para elevar una montaña, y es lo que Astolfo va buscando.

Si la Luna está tan poblada, es porque los hombres olvidan fácilmente. Nada está verdaderamente perdido mientras persiste en forma de recuerdo: la memoria sostiene y ofrece vida a lo que nos rodea, cristalizando la experiencia en núcleos con vida propia que afloran de vez en cuando al panorama de la conciencia. Pero, ¿qué sucede con todo aquello que no es recuerdo? Es decir, ¿dónde acaba lo que olvidamos? La respuesta de Ariosto es esperanzadora: que Astolfo pueda recuperar el juicio de Orlando significa que nada se pierde jamás y que lo que creemos haber extraviado para siempre solo se ha desplazado a otro lugar. Si encontráramos un hipogrifo, incluso podríamos recuperarlo. La realidad de los hechos es, sin embargo, diferente, como veremos en breve: la memoria conoce de verdad la pérdida, y aún no sabemos decir dónde va a parar lo que olvidamos. Otras veces, en cambio, puede suceder que lo que parecía extraviado vuelva a tener voz.

Perderse o esconderse

Olvidar no significa necesariamente perder. A veces se puede descubrir que lo que parecía borrado simplemente estaba oculto, pero aún presente. Fue un artículo de 1966 de Endel Tulving y Zena Pearlstone el que introdujo esta perspectiva, sosteniendo que una cosa es interactuar con un recuerdo no disponible (*unavailable*), y otra es enfrentarse a una memoria inaccesible (*unaccessible*). Olvidar, de hecho, puede significar dos cosas: perder toda huella de una memoria, cuyo engrama ha sido dañado o borrado; o simplemente, tener dificultad para llevarla a nuestra conciencia. Es decir, olvidar significa perder el recuerdo de un evento de manera definitiva o temporal: una memoria perdida porque no está disponible desaparece para siempre, mientras que una memoria no accesible es tal en un momento dado, pero podrá ser recuperada, con toda probabilidad, en los siguientes: una potencialidad de la que somos conscientes cada vez que tenemos la sensación de saber algo que, sin embargo, no logramos formular, y que nos queda en la «punta de la lengua». Para recordar, generalmente nos basta una pista, una señal adecuada, como una esencia de vainilla que nos recuerde que la abuela a menudo llevaba un perfume, y que ese perfume se parecía a este.

El artículo de Tulving y Pearlstone se centraba en un experimento en el que se presentaba a un conjunto de sujetos una lista de nombres pertenecientes a diferentes categorías (flores, animales, objetos...). Los sujetos se dividían luego en dos grupos, el grupo A y el grupo B, y se les aplicaba una prueba de memorización que les pedía recordar el mayor número posible de nombres. Mientras que al grupo A se le pedía memorizar la lista de objetos sin que estos estuvieran organizados, al grupo B se le proporcionaba la lista con los objetos agrupados en categorías; por un lado, por ejemplo, estaban las flores (margarita, gladiolo, rosa...), por otro los animales (león, gato, hormiga, serpiente...) y así sucesivamente. En el momento de la prueba, el grupo B resultaba ser más eficiente que el grupo A. La mayor productividad del grupo B se explica fácilmente: indicando al sujeto sometido a la prueba de memorización, el conjunto en el que buscar la palabra a evocar se simplifica la operación. Por lo demás, cuando luchamos con nosotros mismos en el intento de recordar el nombre de alguien que no nos viene a la mente, terminamos por buscarlo en una o más categorías a las que podría pertenecer, circunscribiéndolo de este modo: «¿Cómo se llamaba ese chico? Vamos, el amigo de Cayo, ese chico que hace teatro con él, el del tatuaje en el brazo...». Pensándolo bien, esta forma de pensar no está lejos de la empleada en psicoanálisis: sentados en un sofá o en una silla, hablamos libremente de nuestro pasado y, al hacerlo, nos ofrecemos a nosotros mismos pistas y puntos de apoyo que nos conducen a evocar cosas que no sabíamos que recordábamos. Ciertos recuerdos, en esencia, deben ser conducidos fuera de su escondite, atraídos por los cebos que hemos colocado oportunamente o por las migas de pan que, por pura casualidad, hemos dejado caer al suelo.

El abismo que separa una memoria permanentemente no disponible de una momentáneamente inaccesible es profundo e introduce dos condiciones del recuerdo aparentemente antitéticas. A menudo no es fácil saber si se está tratando con un tipo de olvido definitivo o temporal, al menos en lo que respecta al ser humano. Para asegurarse de que un recuerdo no está disponible, de hecho, habría que presentar toda pista capaz de evocarlo y verificar que ninguna de ellas sea capaz de traerlo a la mente. En particular, la memoria episódica es rica en detalles (el qué, el dónde, el cuándo, el cómo, el con quién), de modo que son diversas las pistas que pueden activar porciones de engrama y hacer «disparar» las neuronas conectadas. La dificultad radica principalmente en el hecho de que no es posible conocer *a priori* todas las pistas conectadas a un recuerdo determinado. La operación se vuelve más simple en el caso del ratón, con el cual se llega a efectuar —aunque de manera bastante artificiosa— una distinción entre memoria accesible y no disponible gracias al empleo de procedimientos optogenéticos. En el capítulo anterior, hemos observado cómo se puede proceder experimentalmente a la eliminación total o parcial de un engrama introduciendo en algunas o en todas las neuronas del engrama un gen suicida, y activarlo cuando sea necesario. Otra posibilidad consiste en hacer expresar en las neuronas activas en el momento de la memorización una canalrodopsina y, a continuación, administrar al ratón un inhibidor de la síntesis proteica: esta vez la memoria a largo plazo no se formará porque, como se vio anteriormente, la LTP requiere síntesis proteica. La memoria será aquí no accesible, pero será posible evocarla a voluntad interviniendo con la longitud de onda apropiada para activar la canalrodopsina.

Se han llevado a cabo con éxito varios experimentos similares a este, incluso para inducir a los ratones transgénicos, que sirven como modelos para el estudio de la enfermedad de Alzheimer, a evocar una memoria. No obstante, en la actualidad, la posibilidad de curar nuestras amnesias reactivando engramas específicos parece bastante reducida. Tendemos a considerar la pérdida de memoria como una forma de patología; en tiempos recientes, sin embargo, se ha ido afirmando la idea de que olvidar sería un proceso fisiológico y se hacen cada vez más evidentes los mecanismos moleculares y celulares implicados en ella.

Un recuerdo es resistente si lo respalda una arquitectura robusta. Si la persistencia de una memoria coincide con la estabilidad de su engrama, es decir, de las modificaciones sinápticas por las cuales las neuronas «disparan juntas», lo que la hace transitoria podría ser la situación inversa, resultante del debilitamiento de las conexiones entre las sinapsis.

Si olvidamos, no es solo por el mal funcionamiento de los mecanismos de memorización; también puede ocurrir por la acción de algunos genes, que inhiben activamente el fortalecimiento de las conexiones interneuronales del engrama. De forma genérica se denominan genes supresores de la memoria (*memory suppressor genes*).

¿De qué se trata? Digámoslo así: si fijar una memoria implica la activación de un factor de transcripción, por ejemplo CREB, y si esto ocurre a través de la fosforilación, entonces el gen supresor de la memoria es la fosfatasa que elimina el grupo fosfato de CREB, ya que al hacerlo impide el correcto desarrollo del proceso nemónico. El término *memory suppressor genes* sigue el mismo esquema que el de los *tumor suppressor genes*, genes supresores de tumores, que esencialmente regulan la replicación de células cancerosas, ralentizando o impidiendo su proliferación anómala. En el caso de nuestros recuerdos, los genes supresores de la memoria representan un posible objetivo de fármacos que inhiban su actividad, permitiéndonos recordar más y mejor.

Una memoria también puede ser reprimida cuando aumentan las conexiones sinápticas con las neuronas inhibidoras, es decir, con las células nerviosas que liberan neurotransmisores inhibidores como el GABA, capaces de hiperpolarizar la neurona induciéndola a que su activación conlleve una mayor dificultad. Por el contrario, también en este caso, inhibiendo al inhibidor —es decir, el GABA— recordar podría ser más fácil.

Existe un mecanismo adicional que promueve el debilitamiento de nuestra memoria. Hasta los años sesenta, la comunidad científica consideró improbable la idea de que el sistema nervioso pudiera generar nuevas neuronas, producidas durante la edad adulta. Esta hipótesis, formulada por Joseph Altman y conocida con el nombre de neurogénesis en el adulto, propone que después del desarrollo —y, por lo tanto, no solo durante la formación del embrión y la infancia— se formarían nuevas células neuronales a partir de las células madre presentes en el sistema nervioso. Desafortunadamente para Altman, su hipótesis fue considerada improbable durante mucho tiempo, también porque la neurogénesis en el adulto es un suceso poco frecuente que tiene lugar en zonas limitadas del cerebro. Solo en los años noventa se desarrollaron métodos suficientemente sensibles para medirla, y actualmente se considera un hecho incontrovertible. En general, se considera un factor positivo en términos de memoria, tanto es así que numerosos experimentos han concluido que potenciar la neurogénesis es potenciar la memorización y que, especularmente, reducirla lleva a una disminuida capacidad mnémica.

Algo no encaja: la neurogénesis parece tener efectos tanto positivos como negativos sobre la memoria. La paradoja se resuelve al observar que la formación de nuevos recuerdos se beneficia de la neurogénesis, mientras que su impacto negativo surge en relación con los recuerdos ya consolidados. En una publicación de 2013, de hecho, se sugirió que la inserción de neuronas «recién nacidas» en engramas ya presentes tendría el efecto de debilitar las conexiones neuronales preexistentes, llegando a degradar la calidad de la memoria asociada a esos engramas.

Como se observa, la pérdida de un recuerdo está regida por una serie de factores múltiples y complejos. Cada uno contribuye a determinar el momento en que, casi siempre de manera inconsciente, dejamos atrás un recuerdo en el trayecto de nuestra vida o lo almacenamos en algún rincón de la memoria, aguardando su posible resurgimiento en el futuro.

Las estancias del cerebro

Cuando el doctor Watson, joven graduado en medicina, regresa a su patria después de haber servido en el ejército inglés en la India, se encuentra en la desagradable situación de tener que sobrevivir en la jungla urbana de Londres con un subsidio muy modesto. La precariedad hace que su camino se cruce con el de Sherlock Holmes, un extraño individuo en busca de un compañero de piso, y que desde el principio deja a Watson perplejo y desconcertado, al confesarle que no sabe que la Tierra gira alrededor del Sol. Escribe sir Arthur Conan Doyle, en esta escena que inaugura *Estudio en escarlata*.

«Mi estupefacción llegó sin embargo a su cénit cuando descubrí por casualidad que ignoraba la teoría copernicana y la composición del sistema solar. El que un hombre civilizado desconociese en nuestro siglo XIX que la Tierra gira alrededor del Sol, se me antojó un hecho tan extraordinario que apenas si podía darle crédito.

—Parece usted sorprendido —dijo ante mi expresión de asombro—. Ahora que me ha puesto usted al corriente, haré lo posible por olvidarlo.

—¡Olvidarlo!

—Entiéndame, —explicó— considero que el cerebro de cada cual es como una pequeña habitación vacía que vamos amueblando con elementos de nuestra elección. Un necio echa mano de cuanto encuentra a su paso, de modo que el conocimiento que pudiera serle útil, o no encuentra cabida o, en el mejor de los casos, se halla tan revuelto con las demás cosas que resulta difícil dar con él. El operario hábil selecciona con sumo cuidado el contenido de ese vano disponible que es su cabeza. Sólo de herramientas útiles se compondrá su arsenal, pero éstas serán abundantes y

149

estarán en perfecto estado. Constituye un grave error supo-
ner que las paredes de la pequeña habitación son elásticas
o capaces de dilatarse indefinidamente. A partir de cierto
punto, cada nuevo dato añadido desplaza necesariamente
a otro que ya poseíamos. Resulta por tanto de inestima-
ble importancia vigilar que los hechos inútiles no arrebaten
espacio a los útiles».

Ilustración de Sidney Paget para la aventura de Sherlock Holmes *El
intérprete griego*, publicada en *The Strand Magazine* en septiembre
de 1893. La leyenda original decía: «Holmes sacó su reloj».

¿Tenía razón Sherlock Holmes? En parte sí, en parte no, en parte quizás: pronto descubriremos en qué sentido. Hemos hablado de cómo ocurre el olvido, ilustrando los principales mecanismos involucrados en este proceso. Pero, ¿por qué olvidamos? Nos disponemos a investigar las razones del olvido, aunque con cierta cautela: no existe, por el momento, un consenso unánime sobre la cuestión y diversas investigaciones científicas están aún en marcha.

La metáfora del ático-cerebro propuesta por el investigador más célebre de Inglaterra es útil para ilustrar lo que hoy es la opinión más común sobre las razones por las que a veces perdemos los recuerdos. Pero por muy intuitivamente atractiva que sea, la hipótesis de que olvidaríamos para «hacer espacio» a nuevos recuerdos no parece probable. Considerando que poseemos entre ochenta y noventa mil millones de neuronas, cada una de las cuales es capaz de formar miles de contactos sinápticos, podríamos conservar cerca de mil millones de recuerdos diferentes, muchos más de los que almacenamos. Por lo tanto no se trata de un ático, sino un enorme almacén en el que no se plantean problemas de espacio: esta sería la primera arquitectura de nuestra memoria.

Si olvidamos no es por supuestos límites estructurales de nuestro cerebro. ¿Por qué, entonces? Simplificando, porque nos conviene. Todos olvidamos, independientemente de las condiciones de salud en las que se encuentre el organismo. Lo que determina este hecho no es alguna disfunción del sistema (excepto en los casos de patologías cerebrales y de envejecimiento), sino la cooperación de genes específicos, los genes supresores de la memoria que hemos mencionado pocas páginas atrás. La conclusión lógica de todo esto es que olvidar es una función seleccionada durante el proceso evolutivo y presumiblemente ventajosa. En efecto, no está claro que recordar todo sea siempre y en todo caso una ventaja. No es nuevo que tendamos a atribuir a la memoria un valor positivo, considerándola capaz de contribuir a la formación de la individualidad y del sentido de la identidad de cada uno. Desde esta perspectiva, es natural desear poder revivir con gran viveza y precisión las experiencias significativas de nuestra historia: no dudaríamos un segundo en el caso de recuerdos felices, pero ¿qué decir de los desagradables? —o de los traumáticos—. ¿Querríamos realmente, además, conservar memoria de los momentos más transitorios y menos intensos? ¿De cada paso dado por la calle, charla insustancial, de cada espera en la parada del autobús? Sería un poco como conservar en la cartera todos los recibos del mundo, aun sabiendo que nunca los utilizaremos de ninguna manera. Entre olvidar cada cosa y recordarlo todo, conviene posicionarse en la virtuosa mitad, a la manera aristotélica. Ni el recuerdo ni el olvido, sino la plasticidad de la memoria constituye la ventaja evolutiva por excelencia, es decir, la posibilidad de evocar, olvidar o alterar un evento según lo que nos convenga.

Refuerza esta perspectiva la existencia de algunos casos raros de individuos que tienen una capacidad de recordar fuera de lo común, conocida como hipermnesia. Uno de ellos fue Solomon Shereshevsky, un periodista soviético capaz de repetir, a distancia de años, pasajes completos de *La Divina Commedia* después de haberlos leído solo dos o tres veces, sin que pudiera apelar al sentido de las palabras, ya que no conocía el italiano. La fascinante memoria de Shereshevsky asombraba a la mayoría, pero pesaba como una carga sobre los hombros de su dueño: le costaba leer en ruso, su lengua materna, porque cada palabra constituía un estímulo para evocar una serie de recuerdos, acabando por distraerlo del sentido del texto. Sin mencionar los trastornos psicológicos, como depresión y paranoia, a los que la hipermnesia está a menudo asociada (además de trastornos de carácter cognitivo, no concernientes a este caso).

Como deja intuir el caso de Shereshevsky, una vida vivida sin poder olvidar absolutamente nada sería invivible. Además, se adaptaría poco a la esencia mudable y tornadiza del mundo. La ventaja de una memoria plástica se hace evidente en el caso de condiciones cambiantes. Supongamos que cambian el sentido de dirección única de una calle que recorremos habitualmente: será oportuno actualizar los propios recuerdos relacionados para evitar confiar en una memoria ya inutilizable, acabando por crear problemas. Esto vale para nosotros y para todos los animales que habitan en un ambiente alterable y potencialmente peligroso. Entre las memorias más resistentes, no por casualidad, están aquellas que se refieren a situaciones inmutables, estables, insensibles al cambio.

Pasemos de los casos de memoria episódica a los de memoria procedimental: cada vez que damos un paso al caminar activamos un recuerdo de acero, que se presenta sin que se requiera nuestra intervención consciente. Como la fuerza de la gravedad en la Tierra es a todos los efectos una constante, las instrucciones contenidas en los engramas que guían los movimientos de nuestras piernas no necesitan ninguna actualización. Si de repente, como astronautas, nos encontráramos caminando sobre la superficie de un planeta con gravedad reducida, encontraríamos nuestros movimientos inapropiados y descubriríamos que «ya no sabemos» caminar. Al faltar la constante dada por la gravedad, nuestros engramas resultarían de hecho caducos para el nuevo ambiente y deberíamos hacer un esfuerzo consciente para aprender a movernos de manera oportuna, al menos hasta el momento en que nuestra memoria procedimental se actualizara.

En el extremo opuesto de los recuerdos que (casi) nunca se olvidan están aquellos que se olvidan (casi) siempre. ¿Qué recordamos de nuestra vida infantil? Pocas cosas, a menudo memorizadas por estar dotadas de una importante singularidad: una tarta de cumpleaños, una caída de la bicicleta, un juego particularmente divertido, un regalo hecho a un compañero... Pero no logramos evocar nada de lo relacionado con los primerísimos años de vida. Esto ocurre porque el ser humano es, entre otras cosas, un animal altricial (es decir, un animal que en el momento del nacimiento está poco desarrollado y muy necesitado de cuidados) y es característico de los altriciales, sobre todo de los mamíferos, estar afectados por una forma de «olvido natural» conocida como amnesia infantil. Cuando un animal altricial viene al mundo se encuentra en posesión de un cerebro no del todo formado: en particular, el hipocampo —que, como hemos repetido varias veces, es esencial para la formación de memorias episódicas— se vuelve capaz de consolidar las memorias a partir de aproximadamente los tres años de edad del individuo (se trata de un tiempo variable de especie a especie: en las ratas, por ejemplo, ocupa solo dos o tres semanas). Atención: se trata de consolidar recuerdos, no de formarlos. Los niños son capaces de generar memorias episódicas incluso antes de los tres años, pero su capacidad de mantenerlas o evocarlas tiene una temporalidad muy reducida: a los seis meses de edad pueden recordar un evento durante aproximadamente un día, a los nueve meses durante algunas semanas, a los diez meses durante aproximadamente un año. Comprobado que la probable causa de todo esto debe atribuirse a la inmadurez del hipocampo, muchas preguntas quedan sin respuesta. Una propuesta interesante es la que identifica en la neurogénesis la causa de la amnesia (como hemos dicho antes a propósito de la neurogénesis de los adultos). En efecto, en los niños la neurogénesis en el hipocampo es mucho mayor que en los adultos y, por lo tanto, podría explicar la reducida capacidad de mantener los recuerdos de los primeros años de vida.

Cualquiera que sea la causa, cuando somos pequeños, cada fragmento de experiencia está destinado a una obsolescencia programada. «La vida es una nebulosa», escribe Miguel de Unamuno, y los primeros pasos que damos en el mundo permanecen envueltos en una densa niebla.

Unamuno en 1925 [Bibliothèque nationale de France].

La memoria maleable

Si, como hemos visto, la consolidación celular es el mecanismo por el cual una memoria se vuelve duradera, la reconsolidación (*reconsolidation*) es aquel mediante el cual se hace posible modificarla. La hipótesis de que las memorias consolidadas podrían someterse a modificaciones circulaba ya desde los años setenta, pero durante mucho tiempo no fue capaz de imponerse sobre la opinión más común entre los investigadores, que consideraban la consolidación un estado irreversible. Solo en el año 2000, en un artículo publicado en la revista *Nature* por los investigadores Karim Nader, Glenn Schafe y Joseph Le Doux, se demostró que una memoria, aunque consolidada desde hace tiempo, se vuelve modificable en el momento en que es evocada. Nader, Schafe y Le Doux resumen así su investigación:

«Los nuevos recuerdos son inicialmente lábiles y susceptibles de ser borrados si no se consolidan en memorias a largo plazo. Muchas pruebas indican que esta consolidación requiere la síntesis de nuevas proteínas en las neuronas. Se cree que las memorias de un evento negativo relativas al condicionamiento pavloviano se mantienen en los núcleos laterales y basales de la amígdala (LBA). De hecho, la introducción del inhibidor de la síntesis proteica anisomicina en la LBA inmediatamente después del aprendizaje previene la consolidación de los recuerdos ligados al miedo. Pretendemos demostrar que los inhibidores de la síntesis proteica, si se inyectan en la amígdala inmediatamente después de haber evocado una memoria que ha sido consolidada desde hace mucho tiempo, borran la memoria misma. Esta amnesia requiere que los inhibidores sean administrados dentro de la misma ventana temporal de seis horas. Nuestros datos muestran que las memorias consolidadas, cuando son evocadas, vuelven a ser lábiles como las memorias recién aprendidas y necesitan una nueva consolidación, es decir, una reconsolidación. Estos resultados no están previstos por las teorías tradicionales de la consolidación».

Más allá de su relevancia desde el punto de vista teórico, el fenómeno de la reconsolidación tiene también un enorme potencial terapéutico, ya que permite intervenir sobre fobias y trastornos relacionados con eventos traumáticos modificando memorias de gran carga emocional. Es lo que ocurre en el caso del trastorno por estrés postraumático (*post-traumatic stress disorder*, PTSD), que se desarrolla como consecuencia del estrés derivado de formas de agresión violenta. Si ya hemos oído hablar de él, es probablemente también debido a su notoriedad cinematográfica: son numerosas las películas que cuentan historias de personajes que viven una vida inquieta, perturbada por un evento traumático nunca superado. Piénsese en *Taxi Driver* y *American Sniper*, en cuyo centro hay soldados traumatizados por la guerra; o en *Mystic River* o *Shutter Island*, donde la violencia no superada tiene forma de abuso sexual o de homicidio y duelo.

Grafiti de Travis Bickle, protagonista de *Taxi Driver*.
Ratisbona, Alemania [Dr. Colossus].

El trastorno también puede ser inducido por accidentes o eventos naturales que ponen en riesgo la vida del sujeto, aunque no tengan el carácter de una agresión personal. A menudo asociado al abuso de drogas o de alcohol, así como a formas graves de depresión, el PTSD lleva a quien lo padece a manifestar con frecuencia una tendencia a la autolesión y pensamientos suicidas. El trastorno se controla generalmente con diversos protocolos de psicoterapia y con fármacos seleccionados de acción antidepresiva, involucrados en tratamientos bastante largos y de eficacia variable, también porque las memorias de fuerte tonalidad emocional presentan robustez. Es por ello el evidente atractivo de la reconsolidación: a los laboriosos tratamientos descritos les sucedería una única sesión en el curso de la cual se evocaría la memoria generadora del PTSD y se la cancelaría o alteraría, interfiriendo con su reconsolidación. Desafortunadamente, en la actualidad esta terapia está lejos de ser una realidad. Sin embargo, el camino ha sido señalado y numerosas investigaciones se dirigen en esa dirección.

8. *Fuego. Vivir recordando, vivir contando*

Ahí está, nuestro destino: lo vemos a lo lejos, y paso a paso se hace cada vez más cercano. Sus detalles, que antes eran manchas borrosas, emergen ahora con nitidez; empezamos a percibir sus olorosas calles, cuyos aromas nos guían en el camino y hacen nuestros pasos más ligeros. Pero no debemos tener prisa y por eso nos imponemos no correr, recogiéndonos en lo que queda de nuestro recorrido.

«Aquí la meta es partir», escribía Ungaretti, y he aquí que nos encontramos a nosotros mismos empeñados en pensar en nuestros primeros días. Zarpamos de Ítaca, cruzando nuestro camino con el de Odiseo, el héroe del viaje que ahora, de vuelta en su nación, ya no viaja. ¿Cuándo terminó su aventura? ¿Quizás en el momento en que, como nosotros ahora, vislumbró el perfil de la isla a lo lejos? ¿O cuando comprendió que recordar es vivir de nuevo? Si la meta es partir, el viaje es la vida misma.

Recuerdos dispersos

Hemos analizado las huellas de la memoria observando sus medidas, su profundidad en el terreno, su materialidad.

Siguiendo el engrama, el correlato biológico del recuerdo, hemos recorrido senderos inéditos y caminos poco transitados. Sin embargo, cuando alzamos la mirada, tenemos la sensación de habernos perdido. No reconocemos el entorno que nos rodea, ni vemos ningún mapa capaz de ayudarnos. Preocupados, solo podemos hacernos una pregunta: ¿dónde estamos?

Hasta ahora nos hemos ocupado de entender qué lógicas subyacen en la formación de un engrama y de describir los mecanismos moleculares y celulares que permiten la consolidación del circuito celular que lo encarna. Lo que no hemos dicho es dónde se encuentra este engrama, y es de lo que nos ocuparemos ahora.

Retrocedamos unos pasos para reencontrarnos con un rostro familiar: Henry Gustav Molaison, el paciente H. M., de quien hablamos en el capítulo 2. Su caso es fundamental para entender la relación entre el hipocampo y la memoria. H. M. se sometió a una intervención quirúrgica para tratar sus frecuentes crisis epilépticas, que resultó en la extirpación de parte de su hipocampo. Esta operación tuvo consecuencias drásticas en su capacidad de memoria. Desarrolló amnesia anterógrada, lo que le impedía formar nuevas memorias a largo plazo y le hacía olvidar rápidamente los acontecimientos recientes. Curiosamente, mantenía intactos los recuerdos de su infancia, pero había perdido la memoria de los eventos ocurridos en los años inmediatamente anteriores a la cirugía.

Que con el paso del tiempo las memorias se vuelvan más persistentes es cosa sabida: ya en 1881, el médico psicólogo Théodule-Armand Ribot había sostenido que los recuerdos más recientes están más sujetos a dispersión respecto a los lejanos en el tiempo, dado que han sido reiterados menos veces. Cuanto más antigua es una memoria, mejor se conserva.

Theodule-Armand Ribot, 1906 [*The Open Court*, 20, Paul Carus].

Si evocamos el caso de H. M. es porque ejemplifica bastante bien la función desempeñada por el hipocampo en la formación y conservación de los recuerdos. Su particular capacidad mnémica, por decirlo en términos hebbianos, parece sugerir que los engramas de eventos del pasado reciente se conservan en el hipocampo (o, en cualquier caso, dependen de su funcionamiento), mientras que los relativos a eventos lejanos en el tiempo serían independientes de él.

Hay un acuerdo común respecto al hecho de que, con el tiempo, el engrama de una memoria explícita ha madurado de tal modo que hace que parte de la información acabe por residir en regiones distintas del hipocampo. Se trata de un mecanismo conocido con el nombre de consolidación de sistema (*system consolidation of memory*, SCM) que, aunque suscita un consenso bastante uniforme, también tiene interpretaciones divergentes que especifican sus modalidades. Nosotros observaremos tres; antes, sin embargo, conviene que analicemos un paso preliminar.

Como se ha dicho, si podemos recordar las Navidades pasadas o qué comimos ayer es gracias a la cooperación de diferentes *inputs* provenientes de áreas cerebrales distintas, que nos informan sobre qué, dónde y cuándo sucedió lo que compone el objeto del recuerdo, a menudo proporcionándonos detalles también sobre nuestro estado emocional relacionado con el evento que nos interesa. Además de esto, en el engrama también se incluye la información que permite dar nueva vida al evento, llevándolo a la conciencia en forma de recuerdo. Independientemente de que esto ocurra accidentalmente o por un acto preciso de nuestra voluntad, son diversas las zonas del cerebro que nos permiten acceder a la dimensión del recuerdo. Mientras el hipocampo constituye la parte evolutivamente más antigua de la corteza cerebral, la neocorteza representa su porción más reciente: particularmente desarrollada en el cerebro humano, contiene áreas que se activan en respuesta a estímulos visuales, auditivos u olfativos, o bien ligados a la conciencia del tiempo o del lugar de un determinado episodio. Otras zonas del cerebro, como la amígdala, tienen un papel importante en determinar el contenido emocional de un evento vivido.

Esta premisa nos resulta útil para investigar los lugares que habita el engrama. La scm, en su primera formulación, sostiene que inicialmente, cuando un nuevo evento es memorizado, las neuronas activadas en las zonas que acabamos de enumerar activan a su vez las células nerviosas presentes en el hipocampo. Según esta tesis, conocida como teoría estándar de la consolidación de sistema (*standard consolidation theory*, stc), la activación de neuronas en cadena lleva al hipocampo a albergar inicialmente el engrama del evento de modo tal que constituye una especie de catálogo de las neuronas activadas en las diversas áreas cerebrales según las funciones que les competen. Pensando en el último día en que vimos el mar, por ejemplo, activaremos las neuronas de la corteza visual para evocar su imagen azul, las de la corteza auditiva para el sonido de las olas, las de la amígdala para recordar la sensación de alegría y paz que nos invadió entonces, y así sucesivamente: el hipocampo sabrá dar cuenta de esto, proporcionando una especie de informe de todos los agentes implicados y de su ubicación en el momento del recuerdo.

Dado que las neuronas del engrama del hipocampo están interconectadas, al excitarse algunas de ellas se excitarán otras, hasta que todas las células nerviosas se encuentren a su vez capaces de alterar el potencial eléctrico de su membrana citoplasmática. Lo que significa que, independientemente de la naturaleza del estímulo ambiental, un *input* acaba «disparando» todas las células del catálogo del suceso memorizado; a su vez, estas últimas son capaces de alertar a las neuronas activadas por el suceso en las diversas áreas cerebrales. Una gran orquesta en la que el hipocampo constituye el director que señala a los músicos cuándo es el momento de interpretar la partitura. Si podemos recordar, es porque la memoria se codifica en huellas dispersas en varias áreas de la corteza cerebral, coordinadas por el hipocampo cada vez que nos disponemos a revivir una experiencia en nuestra mente.

Pero ¿cómo explicar, entonces, el caso del joven H. M., es decir, su capacidad de recordar eventos bastante lejanos en el tiempo a pesar de tener el hipocampo dañado? En otras palabras: ¿cómo podía su orquesta seguir tocando sin director? La respuesta es sencilla: a fuerza de «disparar» juntas, se formarían o reforzarían conexiones entre las diversas áreas corticales involucradas en la evocación de recuerdos, tales que les permitirían ser autónomas respecto a la conexión con el hipocampo (*figura 7*). A base de ensayos, los músicos sabrían coordinarse solos, prescindiendo de su director, y en cierto sentido podríamos decir que los alumnos habrían superado al maestro.

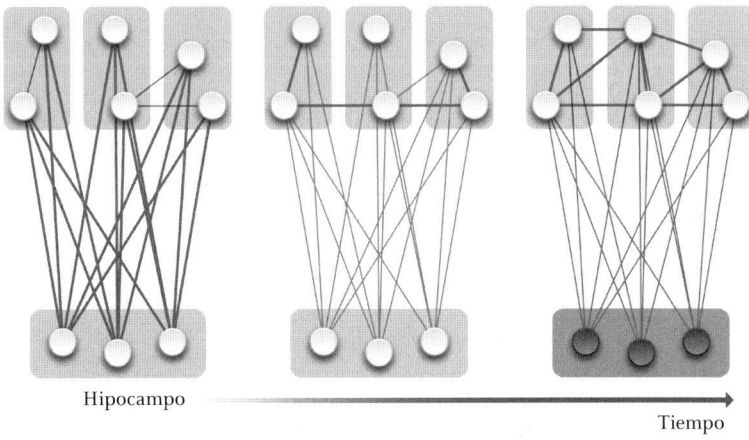

Figura 7

Columna cortical

Hipocampo

Tiempo

Los recuerdos, inicialmente dependientes del hipocampo, pueden almacenarse en diferentes regiones del cerebro, como en la neocorteza, que es la región evolutivamente más reciente y particularmente desarrollada en los seres humanos. Este proceso se conoce como consolidación sistémica de la memoria (*System Consolidation of Memory*, SCM). Aquí se presenta la hipótesis llamada teoría estándar de la consolidación (*Standard Consolidation Theory*, STC), según la cual el engrama está formado por neuronas de la neocorteza conectadas a neuronas en el hipocampo. Estas últimas, en un principio, actúan como un «catálogo» que permite a las neuronas del engrama activarse conjuntamente al momento de evocar un recuerdo específico. Con el tiempo, las neuronas corticales se conectan entre sí de forma independiente a las neuronas del hipocampo. Otras hipótesis, descritas en el texto, dan mayor importancia al número de veces que se han evocado las memorias o al tipo de información que contienen.

Una copia de la copia de la copia

Según la teoría estándar de la consolidación de sistema, evocar una y otra vez memorias de antigua factura permitiría reestructurar los circuitos neuronales hasta el punto de hacerlos autónomos respecto al hipocampo. Los recuerdos de origen más reciente, por el contrario, no lograrían completar la consolidación, manteniéndose, por tanto, dependientes del hipocampo y alterándose en caso de se dañe.

La teoría estándar de la consolidación de sistema o STC da gran relevancia al efecto del tiempo en el proceso de consolidación. Desafortunadamente, sin embargo, no parece capaz de explicarlo todo. Algunos estudios realizados en pacientes humanos y varios experimentos en animales han demostrado que no todas las memorias que se refieren a tiempos lejanos resultan igualmente insensibles a los daños del hipocampo. Para proponer una explicación alternativa a la STC ha intervenido entonces una nueva conjetura, llamada teoría de las múltiples trazas (*multiple trace theory* o MTT).

Según esta hipótesis, recordar un evento equivale a revivirlo, de modo que a cada evocación corresponde el nacimiento de nuevos engramas. Estamos cerca de la idea de que recuerdo y vida son afines, como habíamos sostenido al principio del capítulo: pero si entonces lo hacíamos en un sentido más metafórico, ahora somos bastante literales. La MTT habla del recuerdo como de una vida «revivida», la misma que parece describir el escritor israelí Roy Chen: «Queridas almas, he leído en alguna parte que cuando recordamos un evento pasado no sacamos de la memoria la etiqueta donde se ha registrado el evento, sino la copia de la última vez que lo recordamos. Y generalmente también esta copia es una copia de una copia, un recuerdo de recuerdos anteriores». Recordar es encontrarse en una sala de espejos particularmente cautivadora, en la que cada superficie parece reflejar otra; pero mirando más de cerca, las imágenes que observamos no son todas iguales. Según la teoría de las múltiples trazas, de hecho, no todos los nuevos engramas que se forman cuando se recuerda un evento son necesariamente idénticos a los anteriores. Muy simplemente, se pueden recordar todos los detalles de un evento o solo los hechos relevantes que lo han constituido, de modo que tendremos algunos engramas bastante detallados y otros más simples, destinados a dar voz a la «esencia» de la experiencia que estamos evocando. Del primer caso, el de los engramas llevados a dar cuenta de una experiencia en todos sus detalles, derivan las verdaderas memorias episódicas: y al recordar nos parecerá estar allí donde estábamos en otro tiempo, de nuevo ocupados en sentir el mundo a nuestro alrededor como lo hacíamos entonces. Diferente es el destino de los engramas más genéricos. Las memorias relacionadas con ellos pueden interactuar con memorias de eventos similares, que tienen engramas parcialmente superpuestos a los propios, de modo tal que generan una especie de esquema o de concepto abstracto capaz de contar el núcleo esencial del evento de referencia. Estamos en el campo de la memoria semántica, aquella que procede por nociones y significados y que permite contar una película describiendo no las escenas individuales, sino las atmósferas, la trama, el género. La teoría de las múltiples trazas sostiene que solo estas memorias, que han sido elaboradas en la comparación con memorias similares y presentan un contenido mayormente conceptual, pueden considerarse independientes del hipocampo en cuanto son codificadas por engramas localizados en la neocorteza. Por el contrario, las memorias episódicas se atienen siempre a las directivas del gran director de orquesta y son evocadas del modo ya propuesto por la teoría estándar. Respecto a esta última, en conclusión, la MTT pone mayor énfasis en el papel de las características psicológicas de la memoria en la localización del engrama.

Pero, ¿qué decir de H. M.? Como la STC, también la MTT parece tener dificultades ante su particular caso. Si las memorias episódicas dependen del correcto funcionamiento del hipocampo, ¿cómo se explica su capacidad para recordar algunos episodios de su infancia? La clave es comprender la naturaleza de estos recuerdos: podrían no ser memorias episódicas, sino memorias genéricas con una naturaleza predominantemente semántica. Bien mirado, en efecto, los recuerdos en los que somos niños siempre tienen los contornos un poco difusos. ¿Es esto recordar, entonces? ¿Revivir el evento que buscamos en la forma de una copia suya? No necesariamente. Ha habido quien ha considerado que un solo nuevo tipo de engrama no era suficiente para explicar la complejidad de la experiencia del recuerdo. Una tercera teoría, que representa una variación sobre la MTT, propone que en el momento de la memorización se formarían simultáneamente múltiples engramas destinados a «encapsular» el evento de nuestro interés. Según esta propuesta, conocida con el nombre de teoría de la transformación de la traza (*trace transformation theory*, TTT), cuando vivimos algo y mantenemos su huella creamos espontáneamente engramas que mantienen todos los detalles de ese algo, otros que cuentan lo esencial, otros que evidencian los puntos comunes entre ese evento y otros eventos similares, y finalmente otros que representan el concepto abstracto en forma de memoria semántica. En el artículo «No consolidation without representation» (que retoma simpáticamente el eslogan revolucionario «*No taxation without representation*») los investigadores Asaf Gilboa y Morris Moscovitch proponen un ejemplo de todo esto. Imaginemos que participamos en la fiesta de cumpleaños de un amigo. El evento dejará tras de sí diferentes memorias:

1. Una relativa a todos los detalles que lo han constituido, por la cual podremos saber quién participó, dónde y cuándo se celebró la fiesta, si llovía o hacía sol, cuánto nos divertimos.
2. Una, más pobre en detalles, conteniendo la «esencia» de la historia, gracias a la cual seremos capaces de hablar de la fiesta con otras personas, contándola a grandes rasgos.

3. Una memoria cuyas huellas se habrán integrado con las de eventos similares y gracias a la cual podremos decir con certeza que en las fiestas de cumpleaños suele haber una tarta, un brindis y diversión.

4. Finalmente, una memoria aún más descontextualizada respecto al cumpleaños de nuestro amigo y referida a la importancia de celebrar las ocasiones especiales.

De todas estas, solo la primera depende estrictamente de la interacción entre el hipocampo y algunas regiones específicas de la neocorteza, mientras que las otras se mantienen gracias a la relación entre áreas cerebrales diferentes, generalmente reconducibles a la neocorteza. Todas estas memorias diferentes entre sí, pero con elementos en común, interactúan entre ellas a lo largo del tiempo y en esta dinámica acaban por modificarse: he aquí que la consolidación no es un proceso esculpido en la roca, sino más bien un acontecimiento dotado de su propia plasticidad y susceptible de evolución. Aún más que en la MTT, la TTT pone el énfasis en la estrecha conexión entre la localización del engrama y el contenido psicológico de la memoria correspondiente. Si este es el panorama teórico actual, diversificado pero coherente, queda por comprender de qué modo cada teoría interactúa con las demás y si es posible establecer una jerarquía entre ellas basada en su fiabilidad. Esto es precisamente lo que nos proponemos abordar a continuación. Antes, sin embargo, nos extenderemos un poco más sobre lo que estamos observando, tratando de aplicarlo a un caso ejemplificador. Dejémonos arrullar por un momento por una dulce voz, que nos relatará la historia de un joven cazador.

El cazador y los buitres

«Abu, el gran cazador, está solo en medio de la sabana. Escondido entre los arbustos, empuña su lanza favorita. Se ha colocado a sotavento respecto al río, porque de allí vendrán los caribúes que han bebido. La luna es un rostro lleno en el cielo y reina serena, sonriendo a cien y cien y cien estrellas que son sus damas de honor. Las escandalosas hienas en la lejanía hablan de alegres banquetes: un buen presagio para la caza de Abu.

De repente se oye un poderoso batir de alas: al menos diez buitres se han alzado en vuelo y realizan elegantes coreografías en el cielo nocturno. Abu sale silencioso de los arbustos y comienza a avanzar; cuando he aquí que en la noche ve brillar dos ojos. También su majestad el león ha salido a cazar y camina a lo largo de la orilla del río. Abu vuelve silencioso al arbusto, suerte que estaba a sotavento. Se encoge de hombros: paciencia, el filete de caribú tendrá otra oportunidad.

Pasan los días. De nuevo Abu, el gran cazador, junto con sus dos hermanos está escondido entre los arbustos de la sabana. Él empuña su nuevo arco, mientras ha dejado al mayor de sus hermanos su lanza favorita; el menor se ha encargado de las flechas. De nuevo se han colocado a sotavento respecto al río porque de allí vendrán los caribúes que acaban de beber. En lo alto del cielo, oscuras nubes viajan veloces y ocultan a ratos una delgada tajada de luna. No se ven las estrellas, habrán ido a refugiarse: un exceso de precaución por su parte, no se habrían mojado de todos modos, ya que tampoco esta noche lloverá. Todo calla. De repente se oye un poderoso batir de alas, son al menos diez buitres que se han alzado en vuelo y realizan elegantes coreografías en el cielo nocturno. Abu hace una señal a sus hermanos para que lo esperen y sale silencioso del arbusto, pero en la noche brillan dos ojos. Su majestad el león ha salido a cazar, suerte que estaban a sotavento. Abu y sus hermanos se encogen de hombros, paciencia: esta noche comerán raíces cocidas».

Abu se ha adentrado a menudo en la sabana, y no solo para cazar: él y su esposa de vez en cuando han ido allí en busca de privacidad. Cada vez que ha ido a cazar caribúes, antílopes o cebras ha prestado atención al vuelo de los buitres, y cuando lo ha visto ha preferido volver a casa con las manos vacías para evitar enfrentarse a un león. Los buitres, de hecho, se alimentan de carroña y vigilan desde lo alto los movimientos del rey de la sabana, esperando poder alimentarse de los restos de su caza. Una cosa es segura, Abu ha aprendido una lección importante: si los buitres se alzan en vuelo, ¡ojo a los grandes felinos! Pero ¿qué recordará de todo esto, una vez anciano? Nuestra respuesta estará condicionada bajo varios aspectos por la teoría a la que elijamos adherirnos, es decir, por el modo en que entenderemos el condicionamiento.

Según la teoría estándar del condicionamiento de sistema o STC, cuando Abu sea mayor contará a sus nietos aquella vez en que la luna brillaba serena en el cielo sonriendo a las estrellas, las hienas reían a lo lejos y él, saliendo del arbusto, había visto brillar los ojos de su majestad el rey de la sabana. O contará de aquella vez en que estaba cazando con sus hermanos y nuevamente había encontrado al león. Y en general podrá contar todas sus aventuras de cuando era un joven gran cazador. Puede ser que Abu tenga más dificultad para narrar la última vez que se adentró en la sabana, y ahora se confunde, y no sabe decir si hacía buen tiempo o si oscuras nubes viajaban por el cielo. Desafortunadamente, con la edad, el hipocampo funciona peor.

Abrazando la teoría de las múltiples trazas o MTT, en cambio, el abuelo Abu podrá contar con gran precisión, desentrañando cada detalle, aquellas noches de caza más notables, aquellas en las que ha pensado más a menudo a lo largo de los años. Pero cuando, con el avance de la edad, su hipocampo comience a funcionar menos bien, algunos detalles se volverán un poco difusos, sobre todo si se refieren a aquellas cacerías en las que nada notable ha sucedido y sobre las cuales su pensamiento no se ha detenido nunca después. Lo cierto es que la sustancia de sus recuerdos, la esencia, los elementos más o menos comunes a todos esos episodios Abu no los olvidará nunca. Aunque su hipocampo ya no sea el de antes, Abu sabrá bien que el vuelo de los buitres invita a ejercer la máxima prudencia. Y recordará también —pero no se lo contará a sus nietos— las veces en que se adentró en la sabana con su esposa. Ha pensado y repensado a menudo en ello, porque le gustaba recordar esos momentos. Tal vez de vez en cuando confundirá algunos detalles, pero la sensación de felicidad experimentada entonces Abu no la olvidará nunca. La teoría de la transformación de la traza o TTT prevé un cuadro similar al recién representado, añadiéndole, sin embargo, un detalle: un concepto importante como el de que cuando los buitres vuelan se debe ser cauteloso, Abu lo recordaría incluso si hubiera sufrido un daño en el hipocampo poco después de aquella noche en que tendía una emboscada a los caribúes, sin poder recordar, por ejemplo, si en el cielo brillaba una luna llena o en cuarto menguante.

Contar a los nietos

La historia de Abu resulta útil para comprender mejor el modo en que las diversas teorías propuestas hasta ahora interpretan la noción de consolidación del recuerdo y describen su dinámica. Sin embargo, sigue siendo válido que la consolidación es un concepto aún no consolidado —permitámonos un juego de palabras— y que las hipótesis que lo conciernen están todavía en vías de construcción y perfeccionamiento. La diferencia de anatomía y de conectividad entre las áreas cerebrales de un ratón y las de un hombre hacen difícil el uso de los modelos animales habituales para verificar —o para desmentir— las previsiones formuladas por cada teoría, de modo que en el momento presente no somos capaces de decir con certeza qué contará Abu a sus nietos. Algunos trabajos recientes, basados en el uso de la resonancia magnética funcional (o fMRI; ¿recuerdan? Hablamos de ella en el capítulo 6) y en el análisis de grandes bases de datos, han avanzado sin embargo una serie de pruebas bastante convincentes a favor de la MTT: aunque, con el paso del tiempo, su hipocampo perdiera eficacia, el cazador no olvidará nunca lo sustancial de sus aventuras, pero al contarlas podría dejar algún detalle por el camino.

Un primer estudio a favor de la MTT ha visto producida una base de datos que contiene más de setenta mil imágenes de fMRI de alta resolución de la corteza visual de ocho voluntarios, fotografiada mientras reconocían escenas naturales: realizadas a lo largo de un año, las mediciones comprendían y se referían tanto a escenas nuevas como a escenas ya vistas en anteriormente. A partir de los datos recogidos, en un trabajo reciente ha sido posible reconstruir el modo en que el engrama correlacionado con las escenas repetidas varias veces en las sesiones varía a lo largo del tiempo, concluyendo que la MTT constituye en este momento la mejor explicación del mecanismo de consolidación de sistema.

En cualquier caso, todas las teorías consideradas (sobre todo la MTT y la TTT) parecen sugerir la misma idea: las memorias explícitas están sujetas a un proceso de edición. Incluso nuestras memorias episódicas cambian con el tiempo, aunque de manera limitada. Puede ocurrir a veces que repensemos en las celebraciones festivas de años pasados, o en los días transcurridos con los amigos de la adolescencia. Recordamos la alegría que sentíamos al encontrarnos todos juntos, las charlas, la diversión; con el paso de los años, sin embargo, podríamos poco a poco dejar de lado el recuerdo de aquel primo quejumbroso, capaz de arruinar la alegría navideña de todos, o de aquel episodio desagradable que había protagonizado uno de nuestros amigos menos simpático. La memoria es como un álbum de fotografías de nuestra vida que generalmente tenemos el placer de hojear. Y algún retoque a las fotos, si se realiza oportunamente, puede aumentar su agrado.

Pero recordar no es solo mirar fotografías. Desde un punto de vista darwiniano, la verdadera ventaja evolutiva de la memoria radica en su capacidad de abrirnos las puertas del futuro a través de las lecciones del pasado. Recordar lo que ya ha sucedido permite formular conjeturas y crearse expectativas legítimas, apoyadas por hechos. Las memorias semánticas son particularmente útiles para este propósito, en cuanto capaces de sintetizar conceptos y principios útiles para orientar nuestro comportamiento. Y para producir una buena memoria semántica a menudo conviene olvidar los detalles no esenciales. Es importante que Abu recuerde permanecer alerta cuando vuelan los buitres; pero poco importa lo que rodea a esta información esencial, como la presencia de nubes, las risas de las hienas... Poner a salvo en la neocorteza las memorias semánticas constituye una buena medida de precaución, dado que el hipocampo no es siempre fiable.

Sustancialmente, no podemos decir con certeza si Abu, dentro de muchos años, sabrá describir la palidez de la luna y el modo en que su luz se alargaba sobre las copas de los árboles. Ni sabemos si recordará con precisión el brillo de los ojos del león, o el pardo de las pesadas alas de los buitres. Pero con toda probabilidad, en las noches en que los buitres se alzan en vuelo, Abu preferirá quedarse en casa con sus nietos, en lugar de aventurarse en la noche. Y aquí encontraremos solo al león con la espesa melena movida por un débil viento, mientras desde lo alto los buitres lo vigilan con la esperanza de que, dada su real magnanimidad, les dejará algún cadáver con el que alimentarse.

Cerrar los ojos

Llevamos ya un buen rato narrando nuestro viaje. El fuego, otrora vigoroso, arde ahora con una llama más tenue, y el crepitar de la leña se ha convertido en un suave murmullo. Quienes antes nos observaban con ojos despiertos, lo hace ahora con cierta somnolencia pintada su rostro. Quizás es el momento de dormir y continuar con las narraciones mañana. Después de un buen sueño, después de todo, todos recordaremos mejor lo que se ha dicho hoy.

Es de hecho cosa sabida que entre el sueño y la memoria existe algún tipo de nexo. Lo saben nuestras abuelas, que a menudo nos han repetido que un buen sueño ayuda a recordar; lo saben los amigos que, después de ver cómo nos devanábamos los sesos para encontrar un nombre olvidado, nos han sugerido «consultar con la almohada». Lo sabía el orador Marco Fabio Quintiliano, que en el siglo I a. C. observaba que «Es un hecho extraño que el intervalo de una sola noche aumente mucho la fuerza de la memoria». Y lo sabía Jules Renard, escritor y aforista francés que a principios del siglo XX escribía: «El sueño es la plazoleta de los recuerdos. Ayuda a su retorno». Si esta es la percepción común, no debe sorprendernos que también la comunidad científica haya tomado en serio el tema. La primera publicación relativa a los efectos del sueño sobre la consolidación de las memorias vio la luz en 1924 en la *American Journal of Psychology* y fue precursora de una afortunada serie de experimentos sucesivos que pretendían demostrar que dormir ayuda a recordar. Pero, ¿cómo ocurre esto? Todavía no existe una opinión unánime al respecto. Una primera hipótesis sugiere que el estado de inconsciencia del sueño impediría que las memorias aún no estabilizadas fueran alteradas por nuevos *inputs* sensoriales. Dicho en otros términos, el sueño representaría una buena ocasión para dejar trabajar sin interferencias la LTP. La hipótesis más aceptada, sin embargo, sugiere que el sueño juega un papel activo en la consolidación de las memorias adquiridas favoreciendo tanto la consolidación sináptica como la de sistema. Pero los detalles relativos a cómo ocurre esto permanecen por el momento envueltos en el misterio, como mucho de lo que tiene que ver con lo que hace nuestro cerebro cada vez que dormimos.

En general, el sueño se define como un período en el que nuestra conciencia está fisiológicamente suspendida, el metabolismo está ralentizado, nuestra capacidad de responder a estímulos externos y de movernos resulta reducida. El sueño, en esencia, nos delimita. Más allá de su papel en consolidar nuestros recuerdos, tiene relevancia también en otros campos: contribuye a la eliminación de metabolitos de desecho del cerebro —entre los cuales destaca la tristemente famosa proteína beta-amiloide, implicada en la enfermedad de Alzheimer—, al ahorro energético —obtenido con la disminución de la actividad motora y de la temperatura corporal—, o también al reabastecimiento de las reservas de glucógeno en el cerebro —donde el glucógeno es la forma en que la glucosa, que el cerebro necesita para funcionar, es almacenada—. La privación de sueño, consecuentemente, puede interferir con la memorización de modo indirecto, a través del mal funcionamiento de una de estas funciones.

En cualquier caso, dormir no es un acto simple. En la composición del sueño concurren dos momentos principales, de los cuales probablemente hemos oído hablar: una primera fase, llamada REM (*Rapid Eye Movement*, es decir, movimiento rápido del ojo) y una segunda, la fase no REM, abreviadamente NREM. Esta última está subdividida en tres períodos que corresponden a momentos de sueño cada vez más profundos, en los que progresivamente disminuyen el latido cardíaco, la respiración y el metabolismo, y es con ella que comienza la inconsciencia típica del sueño: seguida por la fase REM, la NREM se repropone en ciclos que se repiten cinco o seis veces en el curso de un buen sueño, seguida por la REM que hacia el despertar tiende a aumentar de duración. Un modo de caracterizar las fases que componen el sueño se basa en la electroencefalografía (EEG), una técnica no invasiva capaz de medir las eventuales variaciones de la actividad eléctrica cerebral. Mirando un encefalograma saltan inmediatamente a la vista unas oscilaciones, que representan el «disparo» coordinado de miles de neuronas —si no cientos de miles, como en el caso de ondas de gran amplitud—. Aunque útil, el poder de resolución del EEG sigue siendo bajo, ciertamente no capaz de identificar engramas individuales. Pero las medidas efectuadas con EEG ayudan a determinar cómo interactúan las actividades neuronales de las diferentes regiones cerebrales en el curso de las fases del sueño. Mediciones más precisas, que requieren la inserción de electrodos en el cerebro, son posibles solo empleando animales de experimentación, o con el consentimiento informado de pacientes sujetos a graves formas de epilepsia en los que los electrodos pueden ser implantados con fines terapéuticos.

Ya a partir de los nombres elegidos para indicar las fases del sueño, uno de los cuales se construye negando el otro, podemos entender quién es el verdadero protagonista de la escena: muchos de los experimentos realizados sobre el sueño desde los años setenta compartían la idea de que la fase REM sería la más importante para el reforzamiento de las memorias adquiridas.

El paradigma experimental empleado comportaba la privación selectiva del sueño REM y la incolumidad del NREM. El artificio experimental utilizado recuerda una broma de mal gusto, de esas perpetradas por los matones que vemos en las películas a costa de su nueva víctima. Terminada la sesión de aprendizaje, se deja dormir a un ratón en una pequeña plataforma flotante en una cuba llena de agua. Después de una primera fase de sueño NREM la rata entra en la REM, que se caracteriza por una casi total atonía muscular. El pobre animal acaba por caer en el agua y despertarse. A nivel científico, la debilidad de este experimento consiste en que es fuertemente estresante: el estrés tiende de hecho a interferir con la memorización. De modo que el ratón es desafortunado dos veces: sujeto a un experimento no solo estresante, sino también quizás inútil en cuanto criticado y puesto en duda por muchos.

Metodologías más «amables» han permitido demostrar que la activación de una memoria específica durante el sueño REM lleva a un reforzamiento de la memoria misma. En estos experimentos la rata es sometida a un condicionamiento pavloviano en el que una leve descarga en la oreja —estímulo condicionado— se asocia a una descarga de mayor intensidad en una pata —estímulo condicionante—. Durante el sueño posaprendizaje, a la rata se le aplica la descarga en la oreja, tan ligera que no causa su despertar, que sirve de pista para la activación del engrama. Si el animal ha sido sometido a la descarga en la oreja durante la fase REM, al despertar demuestra una mayor respuesta respecto a los animales de control. Por el contrario, si la leve descarga se administra en el último período del sueño NREM, he aquí que el ratón responde al test de manera peor respecto a los animales de control. Son esencialmente dos las consideraciones que podemos hacer respecto a estos experimentos. En primer lugar, parece demostrarse que si un engrama se activa durante la fase REM la memoria correspondiente se refuerza, siendo consolidada. No obstante, los experimentos no demuestran que los engramas se activen espontáneamente, es decir, también en ausencia de una pista. Una reflexión ulterior concierne al sueño NREM. Durante esta fase parece desarrollarse el proceso de reconsolidación del engrama, es decir, esa operación por la cual el engrama, reforzado en un primer momento, se vuelve ahora más «maleable»: la leve descarga en la oreja activa el engrama y abre una ventana de oportunidad para intervenir sobre él, modificándolo.

Si los experimentos recién descritos atribuyen una centralidad a la fase REM en la formación de memorias estables, en 1983 el neurólogo Francis Crick, a quien ya conocemos bien, escribió un artículo titulado «The function of dream sleep», publicado en la revista *Nature*, en el cual avanzó una hipótesis alternativa. Crick sostenía que la función del sueño era expulsar los recuerdos de las experiencias de escasa utilidad para el individuo, cuya memorización habría hecho menos eficiente la adquisición de informaciones más relevantes. Nos recuerda no poco a otro gran investigador del mundo: desde esta óptica Sherlock

Holmes parece no estar del todo equivocado cuando dice que «solo un tonto llenaría las habitaciones de su ático-cerebro con objetos-conocimientos que no sirven».

La idea de Crick —y de Holmes— fue actualizada y reformulada por dos influyentes investigadores italianos, Chiara Cirelli y Giulio Tononi, que trabajan en la Universidad de Wisconsin. Reescribieron la hipótesis, ahora conocida como teoría de la homeostasis sináptica. Los investigadores sostienen que la función del sueño sería despotenciar la mayor parte de las conexiones sinápticas que han sido potenciadas durante la vigilia, gracias a la formación de nuevos engramas. Solo los engramas suficientemente robustos, destinados a codificar memorias relevantes, parecen estar exentos de este proceso. La hipótesis de Cirelli y Tononi tiene un valor por así decir ecológico, en la medida en que implica la existencia de un principio de ahorro energético: teorizar que las neuronas están constantemente conectadas en vínculos fuertes, de hecho, equivale a admitir un gran consumo de energía metabólica. Admitir la homeostasis sináptica significa imaginar una especie de reciclaje neuronal, es decir, las neuronas cuyas conexiones vuelven a los niveles de partida pueden ser utilizadas para formar engramas nuevos. Para apoyar la teoría con hechos han realizado algunas demostraciones experimentales, probadas con técnicas de microscopía electrónica. Después de haber demostrado que en el ratón existe una reducción de contactos sinápticos tras un período de sueño, han dado prueba también del hecho de que este redimensionamiento respeta las sinapsis particularmente grandes, y confirmado de tal modo los aspectos fundamentales de su propia teoría.

En conclusión, la ciencia actual considera que el sueño desempeña un papel crucial en la plasticidad de la memoria. Su función parece ser la de un guardián selectivo, decidiendo qué recuerdos preservar y cuáles relegar al olvido.

Sin embargo, aún persisten numerosos enigmas por resolver: la intrincada relación entre las fases del sueño y el fortalecimiento o el desvanecimiento de los recuerdos, así como su misteriosa influencia sobre la memoria operativa, son cuestiones que aguardan ser iluminadas por futuras investigaciones.

El explorador del conocimiento tiene todavía un largo camino por recorrer. No obstante, sus piernas, fortalecidas por la travesía realizada, están preparadas para el viaje que les espera. Sobre sus hombros, una mochila cargada de descubrimientos y experiencias atestigua el rico periplo de su búsqueda incesante.

Y nosotros, testigos de su viaje, permanecemos reunidos alrededor del fuego, compartiendo las maravillas del mundo que hemos explorado junto a él.

Agradecimientos

Deseo agradecer a tres angelicales colegas que leyeron la primerísima versión de *La genética de los recuerdos* y me animaron a continuar; al equipo editorial de Il Saggiatore y en particular a Domiziana Curci por haber enriquecido la narración con ilustraciones cultas y elegantes; finalmente a mi esposa, por haberme apoyado y aguantado mientras escribía este libro.

Glosario

Creb. El CREB (en inglés CAMP *Response Element-Binding protein*) es un factor de transcripción celular. Desempeña un papel esencial en la formación de las memorias, ya que su sobreexpresión contribuye a definir la participación de las neuronas en el engrama.

Diferencia de potencial. La diferencia de potencial eléctrico que existe en los dos lados de la membrana celular, que mantiene una distribución iónica diferente entre el ambiente interno y el externo. La diferencia de potencial depende de las características químico-físicas y funcionales de la membrana.

Ecforia. Término acuñado por el zoólogo Richard Semon para indicar la reviviscencia de un recuerdo que ocurre a través de estímulos de diversa naturaleza, los cuales pueden activar una serie de recuerdos en cadena aparentemente desconectados entre sí.

Engrama. Correlato biológico de la memoria que se forma en el sistema nervioso como resultado de la experiencia y el aprendizaje.

Epigenética. Disciplina que estudia los mecanismos que llevan al establecimiento de un determinado fenotipo (es decir, el conjunto de características observables de una célula o, en general, de un organismo) sin que haya variaciones a nivel de la secuencia del ADN. En otras palabras, la epigenética se interesa por variaciones del fenotipo que ocurren en ausencia de variaciones del genotipo.

Fosforilación. Proceso que consiste en la adición de un grupo fosfato a aminoácidos específicos, capaz de modificar la conformación de las proteínas y de alterar su función, activándolas o inhibiéndolas. La fosforilación tiene cierta relevancia en biología, ya que se ha descubierto que muchos procesos dependen de ella.

LTP (E-LTP, L-LTP). La potenciación a largo plazo o LTP (*Long Term Potentiation*) consiste en el aumento prolongado de la eficacia sináptica, es decir, en el mantenimiento prolongado de la transmisión de la señal incluso después del cese del estímulo. El desarrollo de la LTP ocurre en dos fases: la E-LTP (*Early Long Term Potentiation*) y la L-LTP (*Late Long Term Potentiation*). Aunque se han identificado varias especies de LTP, la forma clásica está determinada por la activación de los receptores de glutamato de tipo NMDA, presentes en el hipocampo y en la amígdala.

Metilación. Uno de los principales mecanismos de la llamada modificación post-transcripcional de las proteínas. Consiste en la adición (metilasa) o en la eliminación (demetilasa) de un grupo metilo en bases específicas del ADN.

Neurona. La célula fundamental del sistema nervioso. La actividad fundamental de las neuronas es enviar, recibir y elaborar información. Considerando la función que desempeñan dentro del sistema nervioso, las neuronas pueden agruparse en tres categorías: neuronas sensoriales, interneuronas y neuronas motoras o motoneuronas. Las neuronas sensoriales perciben los estímulos provenientes del mundo externo; las interneuronas elaboran la información así obtenida y transmiten la respuesta elaborada a las neuronas motoras. Estas últimas, a su vez, transmiten la respuesta a la región cerebral interesada.

Neurotransmisor. Sustancia química liberada por las terminaciones nerviosas en respuesta a un impulso nervioso.

Optogenética. Técnica que permite activar o desactivar una proteína utilizando una señal luminosa, para así estimular una célula nerviosa. Tiene como objetivo sondear los circuitos neuronales y estudia las modalidades de elaboración y transformación de las informaciones entre las neuronas.

Potencial de acción. Evento de breve duración en el que la energía de una célula aumenta rápidamente para luego descender. Se manifiesta en las neuronas haciéndolas «disparar»: su propagación a lo largo de la membrana de la fibra nerviosa da origen al impulso nervioso.

Receptor. Estructura molecular que reacciona a solicitaciones específicas, a través de la cual las células se comunican entre sí.

ARN O ÁCIDO RIBONUCLEICO. Ácido nucleico presente en el núcleo y en el citoplasma de todas las células. El ARN desempeña un papel crucial en la transferencia de la información genética fuera del núcleo, además de en la síntesis proteica y en la regulación de la expresión génica.

ARN mensajero (mARN). Tipo de ARN codificante que desempeña la función de transcripción de la información genética.

Bibliografía

Allen Emily J., St-Yves Ghislain, Wu Yihan, Breedlove Jesse L., Prince Jacob S., Dowdle Logan T., Nau Matthias, Caron Brad, Pestilli Franco, Charest Ian, Hutchinson J. Benjamin, Naselaris Thomas y Kendrick Kay, «A massive 7t fmri dataset to bridge cognitive neuroscience and artificial intelligence», en *Nature Neuroscience*, dicembre 2021, n. 25, pp. 116-126.

Altman Joseph, «Are new neurons formed in the brains of adult mammals?», en *Science*, marzo 1962, vol. 135, n. 3509, pp. 1127-1128.

Blackiston Douglas J., Shomrat Tal y Levin Michael, «The stability of memories during brain remodeling: A per- spective», in *Communicative & Integrative Biology*, dicembre 2015, vol. 8.

Born Jan, Rasch Björn y Gais Steffen, «Sleep to remember», en *The Neuroscientist: a review journal bringing neurobiology, neurology and psychiatry*, octubre 2006, vol. 12, n. 5, pp. 410-424.

Calvino Italo, *Il cavaliere inesistente*, Mondadori, Milano 2016.

—, *«Orlando Furioso» di Ludovico Ariosto raccontato da Italo Calvino*, Mondadori, Milano 2015.

Chen Roy, Anime, Giuntina, Firenze 2022.

Crick Francis y Mitchison Graeme, «The function of dream sleep», en *Nature*, julio 1983, n. 304, pp. 111-114.

Crick Francis, «Neurobiology: Memory and molecular turnover», en *Nature*, novembre 1984, vol. 312, n. 101.

Crick Francis, «The impact of molecular biology on neuro science», en *The Royal Society*, dicembre 1999, vol. 354, n. 1392.

De Unamuno Miguel, Nebbia, Rizzoli, Milano 2019.

Doyle Arthur Conan, *Uno studio in rosso*, Feltrinelli, Milano 2015.

Dudai Yadin, Karni Avi y Born Jan, «The Consolidation and Transformation of Memory», en *Neuron*, octubre 2015, vol. 88, n.1, pp. 20-32.

Ergorul Ceren e Eichenbaum Howard, «The Hippocampus and Memory for "What", "Where" and "When"», en *Learning and Memory*, julio 2004, n. 11, pp. 397-405.

Frankland Paul W. y Bontempi Bruno, «The organization of recent and remote memories», in Nature Reviews Neuro-science, febbraio 2005, n. 6, pp. 119-30.

Frankland Paul W., Köhler Stefan y Josselyn Sheena A., «Hippocampal neuro-genesis and forgetting», en *Trends in Neurosciences*, septiembre 2013, vol. 36, n. 9, pp. 497-503.

Gilboa Asaf y Moscovitch Morris, «No consolidation without representation: Correspondence between neural and psychological representations in recent and re-mote memory», en *Neuron*, julio 2021, vol. 109, n. 14, pp. 2239-2255.

Halder Rashi, Hennion Magali, O Vidal Ramon, Shomroni Orr, Rahman Raza-Ur, Rajput Ashish, Centeno Tonatiuh Pena, van Bebber Frauke, Capece Vincenzo, Vizcaino Julio C. Garcia, Schuetz Anna-Lena, Burkhardt Susan-ne, Benito Eva, Sala Magdalena Navarro, Javan Sanaz Bahari, Haass Christian, Schmid Bettina, Fischer Andre y Bonn Stefan, «dna methylation changes in plasti-city genes accompany the formation and maintenance of memory», en *Nature Neuroscience*, diciembre 2015, n. 19, pp. 102-110.

Hugo Victor, *I miserabili*, Einaudi, Torino 2014.

Kavafis Konstantinos, *Settantacinque poesie*, Einaudi, Torino 2017.

Miller George, «The Magical Number Seven, Plus or Minus Two: Some Limits on Our Capacity for Processing Information», en *Psychological Review*, marzo 1956, vol. 63, n. 2, pp. 81-97.

Nader Karim, Schafe Glenn E. y Le Doux Joseph E., «Fear memories require protein synthesis in the amygdala for reconsolidation after retrieval», en *Nature*, agosto 2000, n. 406, pp. 722-726.

Noyes C. Nathaniel, Phan Anna y Davis Ronald L., «Memory suppressor genes: Modulating acquisition, consolidation, and forgetting», en *Neuron*, octubre 2021, vol. 109, n. 20, pp. 3211-3227.

Pastalkova Eva, Serrano Peter, Pinkhasova Deana, Wallace Emma, Fenton André Antonio y Sacktor Todd Charlton, «Storage of spatial information by the maintenance mechanism of ltp», en *Science*, agosto 2006, vol. 313, n. 5790, pp. 1141 1144.

Pavese Cesare, *Dialoghi con Leucò*, Einaudi, Torino 2014.

Poe Gina R., «Sleep Is for Forgetting», en *Journal of Neuroscience*, enero 2017, vol. 37, n. 3, pp. 464-473.

Sacks Oliver, «The Abyss», in *The New Yorker*, septiembre 2007.

Sahel José-Alain, Boulanger-Scemama Elise, Pagot Chloé, Arleo Angelo, Galluppi Francesco, Martel Joseph N., Degli Esposti Simona, Delaux Alexandre, de Saint Aubert Jean-Baptiste, de Montleau Caroline, Gutman Emmanuel, Audo Isabelle, Duebel Jens, Picaud Serge, Dalkara Deniz, Blouin Laure, Taiel Magali e Roska Botond, «Partial recovery of visual function in a blind patient after optogenetic therapy», en *Nature Medicine*, mayo 2021, n. 27, pp. 1223-1229.

Schiller Daniela, «Reconsolidation: A paradigm shift», en *Brain Research Bulletin*, octubre 2022, n. 189, pp. 184-186.

Suzuki Akinobu, Stern Sarah A., Bozdagi Ozlem, Huntley George W., Walker Ruth H., Magistretti Pierre J. y Alberini Cristina M., «Astrocyte-Neuron Lactate Transport Is Required for Long-Term Memory Formation», en *Cell*, marzo 2011, vol. 144, n. 5, pp. 810-823.

Tononi Giulio y Cirelli Chiara, «Sleep and synaptic homeostasis: a hypotesis», en *Brain Research Bulletin*, diciembre 2003, vol. 62, n. 2, pp. 143-150

Tulving Endel y Pearlstone Zena, «Availability versus accessibility of information in memory for words», en *Journal of Verbal Learning and Verbal Behavior*, agosto 1966, vol. 5, n. 4, pp. 381-391.

Volk Lenora J., Bachman Julia L., Johnson Richard, Yu Yilin y Huganir Richard L., «pkmζ is not required for hippocampal synaptic plasticity, learning and memory», en *Nature*, enero 2013, n. 493, pp. 420-423.

Westover Tara, *L'educazione*, Feltrinelli, Milano 2018.

Wolf Maryanne, *Proust e il calamaro. Storia e scienza del cervello che legge*, Vita e Pensiero, Milano 2012.

Zeng An, Li Hua, Guo Longhua, Gao Xin, McKinney Sean, Wang Yongfu, Yu Zulin, Park Jungeun, Semerad Craig, Ross Eric, Cheng Li-Chun, Davies Erin, Lei Kai, Wang Wei, Perera Anoja, Hall Kate, Peak Allison, Box Andrew y Alvarado Alejandro Sánchez, «Prospectively Isolated Tetraspanin+ Neoblasts Are Adult Pluripotent Stem Cells Underlying Planaria Regeneration», en *Cell*, junio 2018, vol. 173, n. 7, pp. 1593-1608.

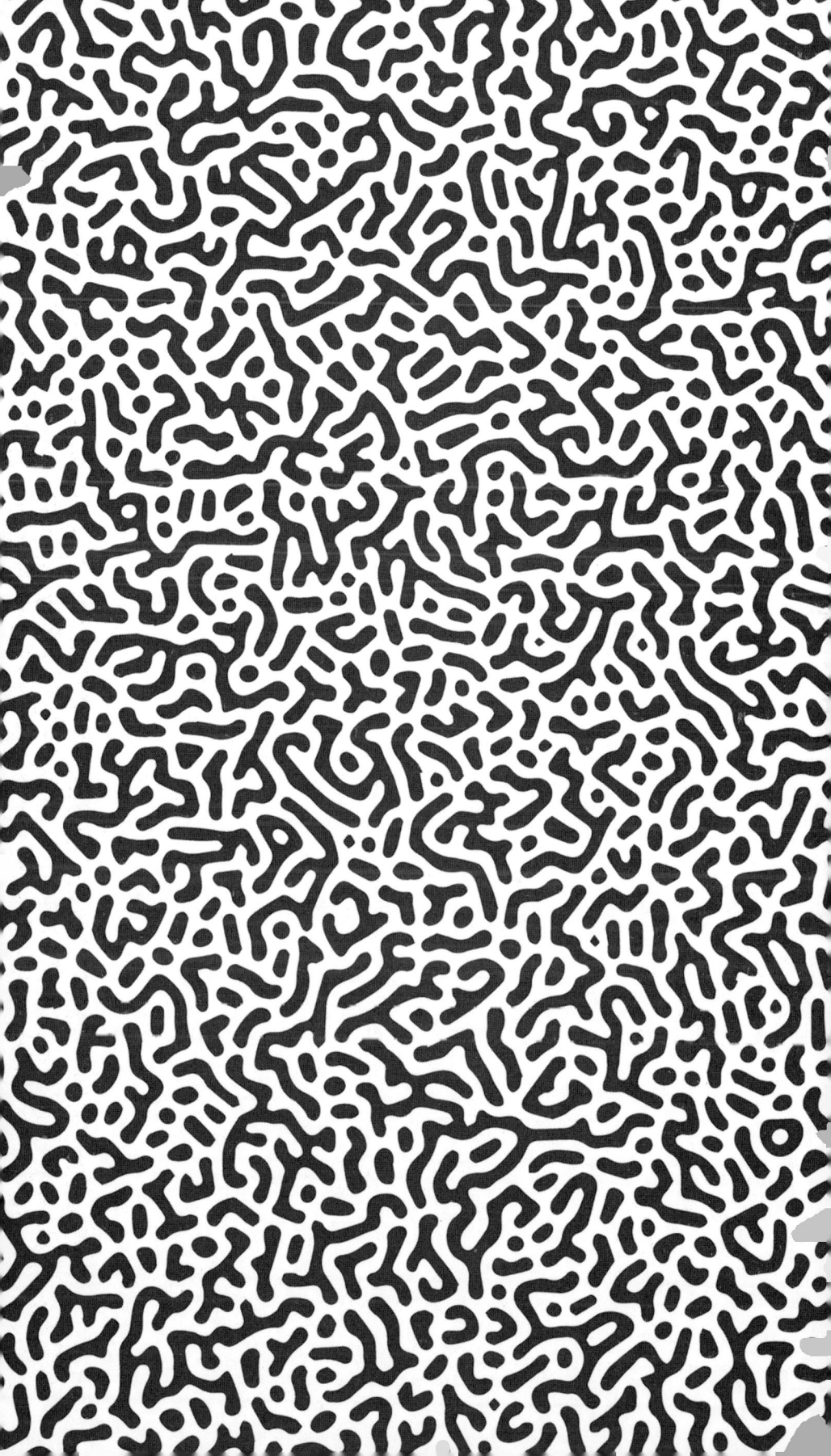

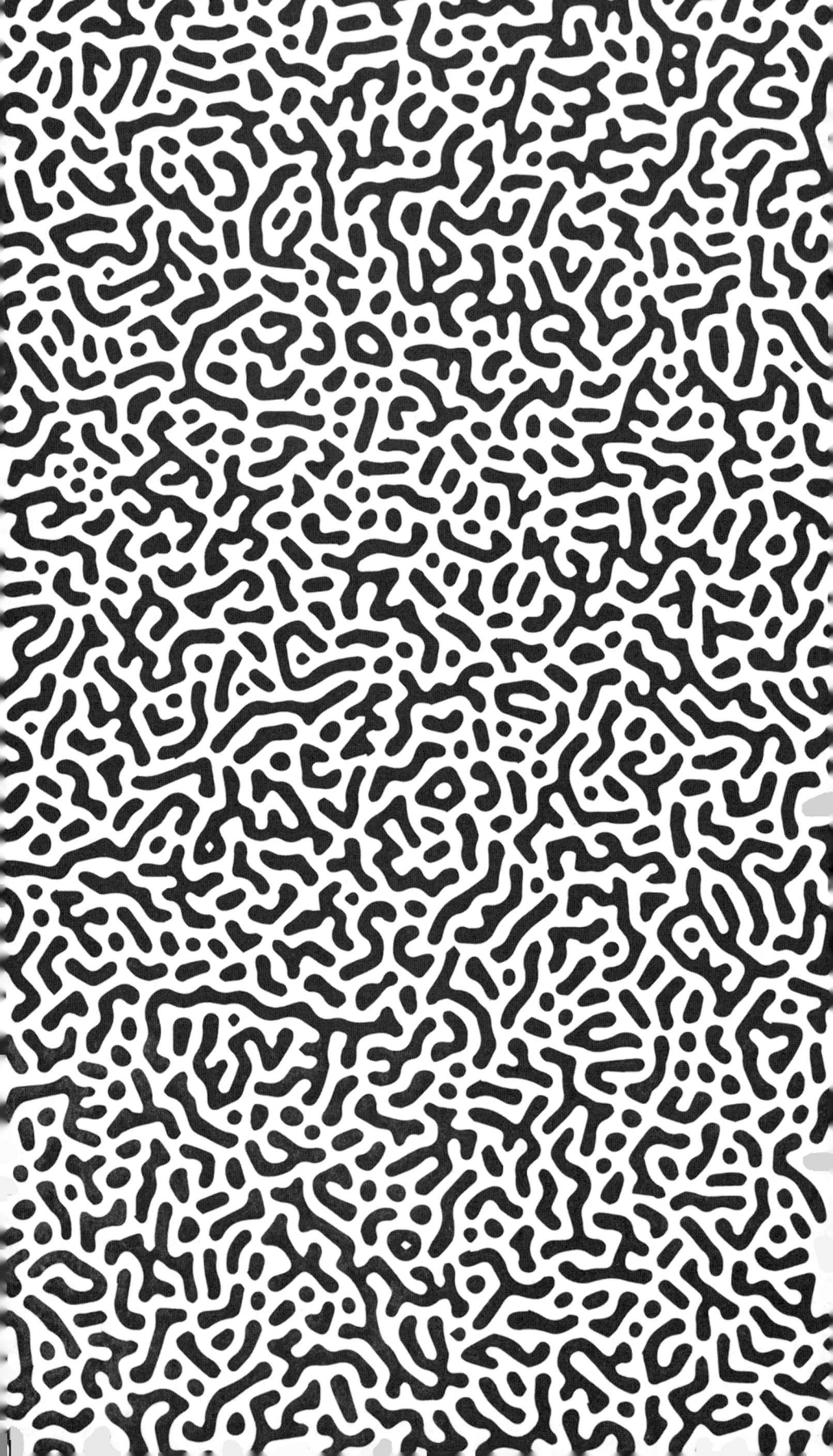

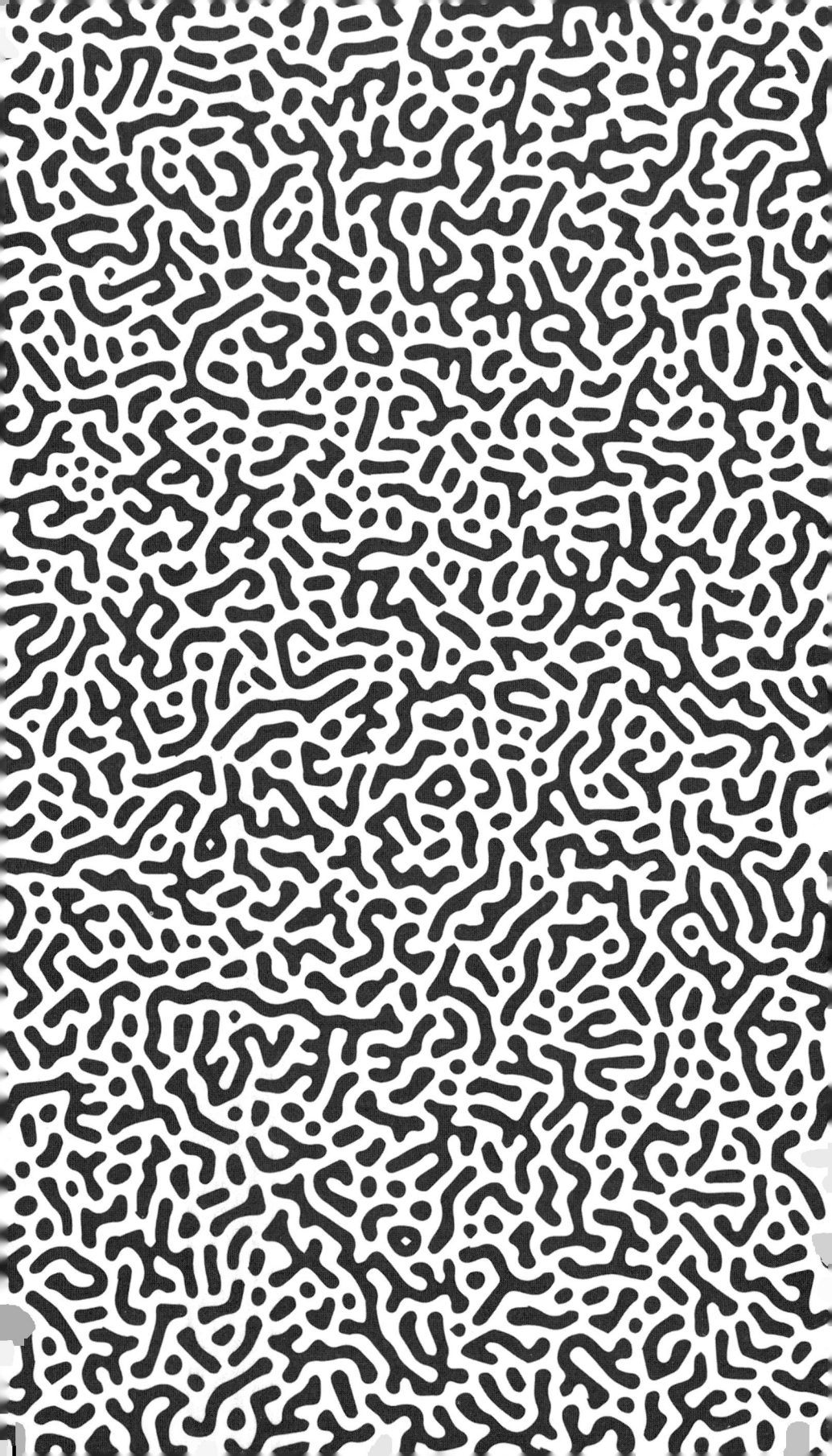